U0274419

航天科技图书出版基金资助出版

航天器着陆缓冲机构

杨建中 著

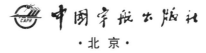 中国宇航出版社

·北京·

图书在版编目（CIP）数据

航天器着陆缓冲机构／杨建中著．--北京：中国
宇航出版社，2015.5

　ISBN 978-7-5159-0915-8

　Ⅰ.①航…　Ⅱ.①杨…　Ⅲ.①航天器着陆—缓冲装置
Ⅳ.①V448.233

中国版本图书馆CIP数据核字（2015）第071570号

责任编辑　马　航

责任校对　祝延萍　　　　　　　**封面设计**　文道思

出　版
发　行　中国宇航出版社

社　址　北京市阜成路8号　　　　**邮　编**　100830
　　　　　（010）68768548

网　址　www.caphbook.com

经　销　新华书店

发行部　（010）68371900　　　　（010）88530478（传真）
　　　　　（010）68768541　　　　（010）68767294（传真）

零售店　读者服务部　　　　　　北京宇航文苑
　　　　　（010）68371105　　　　（010）62529336

承　印　北京画中画印刷有限公司

版　次　2015年5月第1版　　　　2015年5月第1次印刷

规　格　880×1230　　　　　　**开　本**　1/32

印　张　8　　　　　　　　　　**字　数**　230千字

书　号　ISBN 978-7-5159-0915-8

定　价　68.00元

本书如有印装质量问题，可与发行部联系调换

航天科技图书出版基金简介

航天科技图书出版基金是由中国航天科技集团公司于2007年设立的，旨在鼓励航天科技人员著书立说，不断积累和传承航天科技知识，为航天事业提供知识储备和技术支持，繁荣航天科技图书出版工作，促进航天事业又好又快地发展。基金资助项目由航天科技图书出版基金评审委员会审定，由中国宇航出版社出版。

申请出版基金资助的项目包括航天基础理论著作，航天工程技术著作，航天科技工具书，航天型号管理经验与管理思想集萃，世界航天各学科前沿技术发展译著以及有代表性的科研生产、经营管理译著，向社会公众普及航天知识、宣传航天文化的优秀读物等。出版基金每年评审1～2次，资助10～20项。

欢迎广大作者积极申请航天科技图书出版基金。可以登录中国宇航出版社网站，点击"出版基金"专栏查询详情并下载基金申请表；也可以通过电话、信函索取申报指南和基金申请表。

网址：http：//www.caphbook.com

电话：(010) 68767205，68768904

序

深空探测活动是人类走出地球，进一步了解宇宙、认识太阳系、探索地球与生命起源及其演化规律的重要手段，它的开展能够有效促进地球与行星科学、空间天文学、空间物理学、空间材料科学、空间环境科学等基础学科的交叉渗透与创新发展，促进空间资源的开发和利用。我国开展深空探测活动，必将为国民经济的可持续发展注入新的活力，为实现中国梦增添正能量。

深空探测技术是国家综合国力与科技水平的集中体现，也是各航天强国竞相角逐的航天技术的新高地。在深空探测领域，地外天体软着陆探测已经成为最重要的探测方式之一，而着陆缓冲机构是实施软着陆探测的一种常用缓冲装置，其性能是否可靠直接关系到软着陆探测的成败。我国"嫦娥三号"探测器在月面软着陆探测任务的圆满成功，充分体现了近年来我国深空探测技术的快速发展，展示了我国在航天领域所取得的突出成就。而着陆缓冲机构技术的突破、发展及应用，为"嫦娥三号"月面着陆探测任务的圆满成功奠定了坚实的基础。

航天器着陆缓冲机构主要用于缓冲航天器着陆时的冲击，防止着陆过程中由于冲击过大而导致人员的伤害或仪器设备的损毁。除此之外，它一般还应具有压紧收拢、展开锁定、长期支撑、着陆指示等多种功能，是一种典型的、复杂的多功能航天器机构。它的研究一般涉及到机构构型综合、运动学、动力学、材料学、摩擦学、土壤力学、传感器与测量等多个学科，属于典型的综合性交叉学科领域，具有较大的理论与技术难度。

该书是作者及其团队十余年研究成果的结晶，是我国第一部全面、系统、深入地介绍航天器着陆缓冲机构的专著。书中概述了航天器的着陆方式、着陆特点以及着陆缓冲机构的基本研究内容，指出了当前技术发展中所存在的问题及未来技术发展的主要方向，并重点介绍了着陆缓冲方法、着陆缓冲机构设计方法与制造过程、地面验证方法、着陆过程仿真分析方法等内容。可为未来新型着陆缓冲机构的研究与工程研制提供有力指导。

作者长期工作在第一线，通过在实践中发现问题、解决问题、总结提高，而写成此书。因此，该书既有一定的理论水平，又有着很强的工程实用性，是一部值得肯定和阅读的专著。该书的出版将对我国航天器着陆缓冲技术的稳健发展起到有力的支撑和促进作用，同时也将为我国载人航天和深空探测技术的进一步发展奠定坚实的理论与技术基础。

作为一名老航天人、作者的同事，我很愿意看到这样的专著出版。这不仅体现了近年来我国航天技术的持续、健康发展，也从一个侧面标志着又一代航天人从成长走向成熟。他们不仅能出科研成果，也能出学术著作。我相信在今后我国航天技术更快、更好的发展历程中，更加年轻的一代航天人又将快速成长起来。

中国科学院院士　叶培建

"嫦娥一号"月球探测器总指挥、总设计师

2015 年 1 月 1 日

前　言

　　航天器着陆缓冲机构是一种重要的航天器机构，它是在载人航天及深空探测技术的带动下逐渐发展起来的，主要用于缓冲航天器返回地面或在地外星体表面着陆时的冲击载荷，保证人员及相关仪器设备的安全着陆。本书介绍了航天器着陆缓冲机构的类别和特点，总结了国内外相关研究成果，指出了当前技术发展中所存在的问题及未来技术发展的主要方向，在此基础上重点介绍了着陆缓冲方法、着陆缓冲机构设计方法与制造过程、地面验证方法、着陆过程仿真分析方法等内容，力求使读者系统地了解、把握着陆缓冲机构的研究内容、研究方法和研制过程。

　　本书共分5章。第1章"绪论"，概述航天器的着陆特点、着陆缓冲机构的研究现状、研究内容、目前存在的问题以及发展趋势等。

　　第2章"着陆缓冲方法"，介绍着陆缓冲方法的主要类别、特点及其工程应用中应注意的问题，并介绍了缓冲方法的综合评价与缓冲力测试、验证方法等。

　　第3章"设计方法与制造过程"，介绍着陆缓冲机构的功能、组成及其工作原理，并介绍了基于能量法的着陆缓冲机构设计方法、常见组件的结构形式以及生产过程中的重点控制环节等。

　　第4章"地面验证试验"，系统介绍着陆缓冲机构地面验证试验的项目、目的、方法及注意事项等，并介绍了基于小子样理论的地面可靠性验证与评估方法以及典型试验的结果等。

　　第5章"着陆过程仿真分析"，介绍着陆过程动力学仿真分析参数化建模应考虑的主要因素以及建模与分析过程，并介绍了基于蒙特卡洛法的着陆稳定性仿真分析方法和着陆缓冲机构数字化集成方法等。

本书承蒙南京航空航天大学聂宏教授审阅,并提出了许多宝贵意见。"嫦娥一号"月球探测器总指挥、总设计师叶培建院士在百忙之中为本书作序。作者对两位专家为本书出版所付出的辛勤劳动表示衷心的感谢。

北京航空航天大学王春洁教授和宋顺广博士为本书第 5 章提供了十分宝贵的资料,并对该章的内容提出了宝贵意见。中国空间技术研究院曾福明高级工程师、满剑锋高级工程师、吴琼博士、朱汪工程师、罗敏高级工程师、徐青华高级工程师,南京航空航天大学陈金宝副教授等对本书的相关内容提出了宝贵意见。研究生汪健、张朴真为本书文字、图表的编辑及校对做了大量工作。本书的出版还得到了中国空间技术研究院总体部林益明研究员、王永富研究员以及"嫦娥三号"月球探测器两总系统的大力支持,在此一并表示衷心感谢。

本书是在吸收前人研究成果的基础上,结合我们研究团队在航天器着陆缓冲领域十余年的研究成果撰写而成的。本书的问世离不开着陆缓冲研究团队全体成员的艰苦奋斗和忘我工作,离不开协作单位的通力合作与大力支持。在此谨向对本书研究成果做出贡献的每一位成员致以诚挚的谢意!

本书适合从事航天器着陆缓冲、航空器着陆缓冲及地面碰撞缓冲研究的工程技术人员、学者及相关专业的研究生参考。

由于作者知识和水平有限,书中难免存在不当之处,敬请读者批评指正。

杨建中

2015 年 1 月

于北京航天城

目　录

第 1 章　绪　论

1.1　深空软着陆探测技术的发展

到目前为止，人类主要开展了三个方面的航天活动，即发射人造地球卫星、实施载人航天及开展深空探测。随着航天技术的发展，后两方面的活动有时融为一体，从而形成载人深空探测。航天活动的深度、广度和技术成熟度是一个国家科技水平和综合国力的集中体现，其中的深空探测具有探索性更强、涉及技术领域更广、技术难度更大、实施风险更高等特点，同时对相关科学发现、技术和产业发展的影响也更加深远，因此，目前许多国家都努力通过该项活动向世人展现日益强盛的综合国力和持续提高的科技水平。

俄罗斯（前苏联）、美国、欧空局、日本、中国、印度等国家或组织均开展了月球探测活动。以美国为首的航天发达国家还对太阳系中的多颗行星及其部分卫星、一些彗星和小行星进行了探测。探测方式包括从目标星体旁飞过、环绕目标星体飞行，获取初步的遥感和探测信息；撞击目标星体、在目标星体表面软着陆，对着陆点附近进行较为深入的探测；在目标星体表面软着陆，并采集样品返回地球，对相关样品做全面深入的研究等[1-2]。这几种探测方式相互支持，相互补充，相互印证。其中软着陆探测的深度和精确度一般远优于遥感探测方式，且该方式还可以为未来实施载人深空着陆探测、建立永久性探测基地、开发深空资源、实施星际移民等活动奠定技术基础，因此，实施软着陆探测具有深远的科学意义及重大的工程价值。

实施深空探测的航天器一般称为探测器，其中着陆的部分常称为着陆器。除了上述深空探测活动中的软着陆外，还有一种十分重要的软着陆，即载人飞船或返回式卫星返回地面时的软着陆。这两种软着陆方式的动力学特性具有一定的相似性，为了陈述方便，统称其为航天器软着陆。在航天器软着陆过程中，一般需要通过着陆缓冲装置产生不可恢复或可控恢复的变形，将航天器所具有的成千上万焦耳的初始动能吸收掉，使航天器由运动变为静止，同时延长冲击载荷的作用时间，降低作用到航天员或仪器设备上的冲击载荷的幅值，从而保证航天员或仪器设备的安全。如果缓冲装置选择不当，那么着陆过程中航天员或仪器设备可能会受到严重的伤害或损伤，因此，着陆缓冲装置的性能是否可靠直接关系到整个软着陆探测计划的成败，它的研制是软着陆航天器研制中最为关键的内容之一。

航天器着陆冲击的缓冲思路与汽车碰撞的防护思路是相似的，但由于空间环境与地面环境等约束条件的不同，二者的具体实现方法往往具有很大的差异，而且前者的可靠性要求远比后者高。

与航天器的全寿命周期相比，软着陆过程是非常短暂的，但也是非常危险的。其危险性体现在对着陆星体表面的环境条件，如大气压力、环境温度、地形、地貌等把握不足，从而可能导致着陆器过热、仪器设备因极端温度而损坏、着陆点偏离目标位置、着陆器降落至尖锐的岩石之上或深坑之中、着陆器翻倒而偏离预期的姿态等结果，进而导致科学仪器无法正常开展探测活动。因此，对于软着陆航天器的研制，除了要考虑一般航天器研制所要考虑的所有问题外，还必须充分考虑着陆时的冲击、着陆区地形地貌、着陆区土壤力学特性等问题，有的还要考虑气动力、气动热等因素的影响。正是这些问题的存在及其复杂性，使得软着陆航天器及着陆缓冲装置的研制难度大大增加。

为了便于定量评价着陆过程的成败，一般需要定义多种参数，如冲击响应的力学参数，包括着陆器上特征点的最大响应加速度及其作用时间，着陆器着陆后的姿态参数等。有时还要根据特殊设备的要求，定义其他参数，如着陆器上的特征点到目标星体表面的距离等。

着陆探测任务成功的首要条件之一是稳定着陆。稳定着陆的可靠性受制于着陆瞬时着陆器相对着陆面的竖直速度、水平速度和姿态以及着陆区的地形地貌、表层土壤力学特性、重力加速度等因素，因此必须对这些因素进行深入、系统的分析与研究，以全面把握它们的综合影响。习惯上常把这些影响因素称为着陆初始条件。

1.2 航天器着陆的特点及类别

1.2.1 着陆准备及着陆特点

航天器在目标星体表面着陆前，一般都需要通过一段时间进行减速，常称这段时间为下降段。当目标星体表面无大气时，一般采用大推力发动机实现减速。在发动机羽流等的影响下，其周围仪器设备的温度会迅速升高，同时还会因发动机的工作引起相应的振动载荷。当目标星体表面有大气时，也可以采用降落伞实现减速，在降落伞打开前，航天器迎风面的部位常会因为气动热的作用，导致航天器的局部温度很高。为避免下降段的高温对相关仪器设备带来影响，需要采取严格的防热措施。另外，下降段一般还会伴有一系列的动作，如弹抛降落伞伞舱盖，以便打开降落伞；弹抛防热结构或推进剂储箱，以减少着陆质量，从而减轻着陆缓冲装置的工作压力。在减速的同时，还需要对航天器的姿态进行控制，以保证航天器以期望的姿态着陆。下降到一定高度后，还要根据对着陆区情况的识别结果，判断着陆器是否需要横向移动，以确保将着陆点的地形地貌条件控制在要求的范围内。这一系列动作的成败，都可能影响最终的安全着陆。

航天器的着陆过程具有以下两个显著特点：

第一，不确定因素多。与在目标星体旁飞过、绕目标星体飞行等方式相比,航天器着陆过程中的不确定因素多,例如着陆区表面的地形地貌、土壤力学特性等影响因素,往往具有一定的随机性。另外着陆速度、着陆姿态等的精确控制也有一定的难度。这些不确定因素,大大增加了安全着陆的难度。

第二,主动控制难。从航天器与目标星体表面接触到与目标星体相对静止,一般只有数百毫秒的时间(特殊情况下着陆时间可能较长),这一过程中,一般难以实施主动控制,而只能按预定的程序执行相关的动作,从而使安全着陆的风险进一步升高。

1.2.2　航天器的着陆类别

按航天器着陆的目标星体不同,一般可以分为地球表面着陆、月球表面着陆、火星及其他大型行星表面着陆、彗星及小行星表面着陆等类型。不同星体表面的气体密度、风速、环境温度、地形地貌、土壤力学特性、重力加速度等条件不同,着陆时的速度和着陆器质量也往往不一样,所采取的着陆方式或缓冲方法也有所区别[3-5]。

按航天器着陆瞬时的速度不同,一般可以分为硬着陆、软着陆。硬着陆时的初始速度一般为每秒数十米,着陆过程中的最大冲击响应加速度一般达数百 g(地面重力加速度,9.8 m/s^2)乃至上万 g,着陆目的一般是穿入目标星体表面一定距离,并测量穿入过程中的力学参数等。为此要求着陆器有足够的动能,所有着陆过程或着陆后需要工作的仪器设备都要能够承受这样的冲击载荷。软着陆时的速度一般为每秒数米或十余米,着陆过程中的最大冲击响应加速度一般为十几个 g 或几十个 g,着陆目的一般是在目标星体表面进行较长时间的探测(特殊情况除外),包括表面土壤成分及颗粒组成分析、土壤力学参数测量、大气成分分析、着陆点周围地形地貌观测等。

按采用的着陆缓冲装置不同,可以分为降落伞着陆、缓冲气囊着陆、着陆缓冲机构着陆、制动发动机着陆等方式,上述情况下的着陆往往是软着陆。其中的着陆缓冲机构既可以用于整个航天器的着陆缓冲，也可以用于其上某个仪器设备或航天员座椅的着陆缓冲。其余三种着陆缓冲装置，一般只用于整个航天器的着陆缓冲，且降落伞只有在目标星体表面有大气存在时才能采用，而且采用该方式难以使着陆初始速度降为零，因此，它一般与另外三种方式组合使用。实际着陆过程中，一般根据着陆目标星体周围大气的稠密程度等自然条件，以及使航天器系统的质量、体积最小等为目标，而采用两种或多种缓冲装置相组合的方式实现软着陆。例如当目标星体周围具有较稠密的大气层时，一般采用"降落伞＋制动发动机＋缓冲气囊"的组合方式，或者"降落伞＋制动发动机＋着陆缓冲机构"的组合方式，或者"降落伞＋缓冲气囊"的组合方式，或"降落伞＋着陆缓冲机构"的组合方式实现软着陆。当目标星体周围大气层非常稀薄时，一般采用"制动发动机＋缓冲气囊"的组合方式，或者"制动发动机＋着陆缓冲机构"的组合方式实现软着陆。带有缓冲气囊的缓冲方式适合着陆器的着陆速度较大，体积较小，对着陆后的姿态没有严格要求，或着陆后的姿态可以通过其他装置进行调整，且着陆后不再返回的情况。在采用缓冲气囊着陆时，需要认真选择着陆区，防止着陆区的岩石刺破气囊，从而导致气囊的缓冲失效。带有着陆缓冲机构的缓冲方式适合着陆器的着陆速度较小，体积较大，对着陆后的姿态有严格要求的情况，另外，着陆缓冲机构还可以作为发射支架，因此，对于软着陆后需要再次返回地球的探测任务而言，一般只能采用着陆缓冲机构实现软着陆。苏联早期的"月球"号探测器在月面上的软着陆，就采用了"制动发动机＋缓冲气囊"的组合方式。美国的"探路者"号、"机遇"号和"勇气"号探测器在火星上的软着陆，则采用了"降落伞＋制动发动机＋缓冲气囊"的组合方式[6-7]，欧洲的"猎兔犬2号"探测器在火星上的软着陆采用了相似的方法[8]。美国的"勘察者"号着陆器以及"阿波罗"号载人登月舱在月面上的软着陆，则采用了"制动发动机＋着陆缓冲机构"的组合方式[9-10]。美国的"海盗"号、"凤凰"号探测器在火星上的软着陆，则采用了"降落伞＋制动发动机＋着陆缓冲机构"的组合方式[11]。

1.3　着陆缓冲机构的特点及类别

1.3.1　着陆缓冲机构的特点

　　着陆缓冲机构也称为缓冲机构，用于缓冲航天器着陆时受到的冲击。与一般航天器机构相比，它具有功能较多、组成较复杂的特点。除了缓冲功能外，着陆缓冲机构一般还具有收拢压紧、展开锁定、着陆指示、着陆时横向滑移、防止冲击下陷以及着陆后支撑等多种功能。为了满足运载包络的要求，在发射时，着陆缓冲机构一般要处于收拢压紧状态。到达预定的轨道高度后，着陆缓冲机构解锁，并展开锁定，以增大着陆时的支撑面积，提高着陆时的稳定性。在着陆器着陆瞬时，着陆缓冲机构通过一定的方式吸收着陆器的冲击能量，保证其上的人员及仪器设备受到的最大冲击载荷不超出要求值。对于采用制动发动机与着陆缓冲机构相组合的缓冲方式，为了在着陆瞬时及时关闭发动机，一般在着陆缓冲机构底部还安装有相应的信号装置，以便在其与着陆面接触的瞬时给出着陆信号。为了进一步提高着陆稳定性，在水平着陆速度较大，且着陆区表面形貌允许的情况下，着陆缓冲机构要保证着陆器能够滑移。在比较松软的表面着陆时，要有效防止着陆器过度下陷。实现稳定着陆后，着陆缓冲机构还要长时间地支撑着陆器，以便着陆器上的仪器设备能够顺利开展相应的工作。

　　为了满足上述功能要求，着陆缓冲机构一般包括多种组件，如压紧释放装置（实现收拢时的压紧和展开前的释放）、展开锁定组件（实现展开驱动及展开后的锁定）、主缓冲器（主要缓冲纵向冲击能量）、辅助缓冲器（主要缓冲横向冲击能量）、足垫（主要实现滑移和支撑）、指示开关（给出着陆信号）等。

功能要求的不同，着陆缓冲机构的组成及组件的结构形式也会有所差别。"阿波罗"号载人登月舱的着陆缓冲机构是一种典型的着陆缓冲机构，其组成如图 1-1 所示[9]。

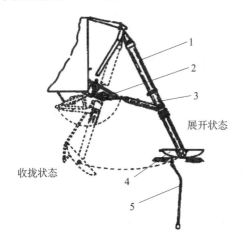

图 1-1　一种典型的着陆缓冲机构

1—主缓冲器；2—展开锁定组件；3—辅助缓冲器；4—足垫；5—探针

1.3.2　着陆缓冲机构的类别

按着陆缓冲机构可缓冲的冲击力的方向不同，可以分为单向着陆缓冲机构、双向着陆缓冲机构及多向着陆缓冲机构等，分别用来缓冲单一方向、两个方向及多个方向的冲击载荷，如图 1-2、图 1-3 和图 1-1 所示。

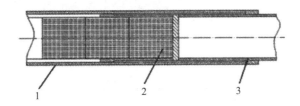

图 1-2　单向着陆缓冲机构

1—外筒；2—缓冲材料；3—内筒

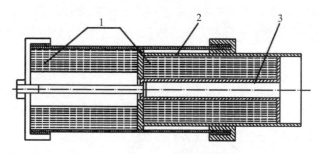

图 1-3　双向着陆缓冲机构
1—缓冲材料；2—外活塞；3—内活塞

　　按着陆缓冲机构缓冲的对象不同，可以分为航天员座椅缓冲机构、舱体着陆缓冲机构等[13-14]。前者用来缓冲航天员着陆时受到的冲击，如图 1-4 所示，它属于单向着陆缓冲机构。后者用来缓冲航天器某个舱体或整个航天器着陆时受到的冲击，如图 1-1、图 1-5和图 1-6 所示，它属于多向着陆缓冲机构。

图 1-4 航天员座椅缓冲机构
1—赋形垫；2—座椅；3—座椅缓冲机构

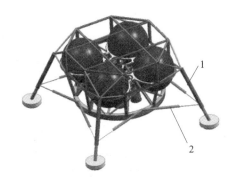

图1-5 "悬臂梁"式着陆缓冲机构

1—主缓冲器；2—辅助缓冲器

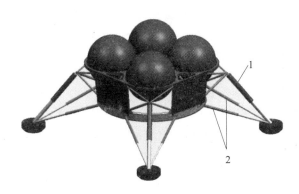

图1-6 "倒三角架"式着陆缓冲机构

1—缓冲器；2—支撑杆

按着陆缓冲机构的构型不同，可分为"悬臂梁"式着陆缓冲机构、"倒三脚架"式着陆缓冲机构等。前者的主缓冲器类似于悬臂梁，如图1-5所示，在着陆缓冲时主缓冲器被压缩，并承受可能存在的弯矩，辅助缓冲器可以被压缩或拉伸。后者类似倒置的三脚架，如图1-6所示，在着陆缓冲时位于上面的缓冲器被压缩，位于下面的两个刚性支撑杆绕根部铰链旋转。

按着陆缓冲机构的收拢方式不同，可以分为向下收拢式着陆缓冲机构[9]、向上收拢式着陆缓冲机构[10]以及偏置收拢式着陆缓冲机构[15]等，如图1-1、图1-7和图1-8所示。不同收拢方式的着陆缓冲机构，展开时的驱动方式和展开过程中的运动模式往往不同。具体收拢方式一般由运载火箭的约束空间和探测器与火箭的相对位置确定。

图1-7　向上收拢式着陆缓冲机构　　图1-8　偏置收拢式着陆缓冲机构
1—收拢状态；2—展开状态　　　　　　1—收拢状态；2—展开状态

按着陆后是否锚定在星体表面，可以分为锚定式着陆缓冲机构以及非锚定式着陆缓冲机构，如图1-9[5]以及上述图1-1、图1-7和图1-8所示。前者主要用于表面重力加速度很小的星体表面的软着陆。为了防止由于着陆瞬时的撞击作用而使着陆器弹离目标星体的表面，在着陆缓冲机构的根部位置（靠近中心的部位）设置有相应的锚叉，如图1-9（b）所示，着陆瞬时通过锚叉把着陆缓冲机构锚定在星体表面上。

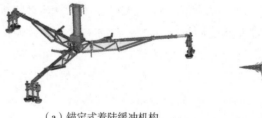

（a）锚定式着陆缓冲机构　　　　　　　（b）锚叉

图1-9　锚定式着陆缓冲机构及锚叉

按着陆时的缓冲方法不同，可以分为永久变形法着陆缓冲机构以及阻尼法着陆缓冲机构。前者具有缓冲性能受空间环境影响小、性能可靠的特点。后者具有着陆后缓冲器可以再次伸缩，进而实现着陆器的姿态调整，满足着陆后特殊有效载荷的姿态要求。图1-1～图1-4均为永久变形法着陆缓冲机构，他们都是通过铝蜂窝的压溃或薄壁金属管的扩径等金属材料的永久变形实现着陆缓冲的。图1-7为阻尼法着陆缓冲机构，它通过液体阻尼实现着陆时的缓冲[10]。

1.4 着陆缓冲机构研究的理论基础

着陆缓冲机构作为一种典型的航天器机构，它的研究涉及运动学、动力学、材料学、摩擦学、土壤力学、传感器与测量等多个学科，具有较大的理论与技术难度。其中与运动学、动力学研究相关的理论基础包括运动副的识别及自由度的分析方法、机构的构型综合和尺寸综合方法等。鉴于篇幅所限，这里仅介绍机构运动学、动力学研究最基本的理论基础：运动副的识别及自由度的分析方法。

1.4.1 常用运动副的种类及表示方法

机构包括两个基本组成部分，即运动副和构件。两个构件之间直接接触所形成的可动连接称为运动副，在航天器机构中常见的运动副为转动副、移动副、球副、螺旋副及啮合副等，其中前三种是着陆缓冲机构中最常见的运动副。每一个独立影响机构功能并能独立运动的单元称为构件。一般情况下，一个构件包括多个零件。

常见运动副的类型及表示方法见表1-1，构件及其与运动副的连接表达方法见表1-2[12]。

表 1 - 1　常用运动副的类型及表示方法

名称	代号	示意图	常用符号	自由度数量
转动副	R			1
移动副	P			1
球副	S			3
螺旋副	H			1
啮合副				2

表 1 - 2　构件及其与运动副的连接表达方法

表示内容	常用符号
机架	
构件的永久连接	
可调连接	
活动构件以转动副连接	
活动构件与机架以转动副连接	
活动构件以移动副连接	
活动构件与机架以移动副连接	
圆柱齿轮机构	
圆锥齿轮机构	

续表

表示内容	常用符号	
齿轮齿条机构		
电动机		

掌握运动副、构件以及二者之间连接关系的表达方法，是绘制机构简图及进一步认识、分析机构特性的基础。所谓机构简图是指用规定的符号，来表达运动副、构件及二者的连接关系，并按一定的比例尺来表达机构组成的简化图形。在机构设计初期，正确绘制机构简图是非常重要的。

1.4.2　机构的自由度分析

要正确认识、分析机构，首先必须确定机构的自由度。机构自由度是指机构上可以给定的独立运动变量的数目。为了便于机构自由度的确定，还需要了解以下两个概念：

平面机构。机构中所有构件的运动都在同一平面内，或相互平行的平面内。常见的链传动机构、曲柄滑块机构、圆柱齿轮传动机构均为平面机构。图1-6所示的着陆缓冲机构在缓冲工作时也是平面机构。

空间机构。机构中构件的运动既不在同一平面内，也不在相互平行的平面内。常见的汽车装配机器人机构、Stewart并联机构都是典型的空间机构。图1-5所示的着陆缓冲机构在缓冲工作时也是空间机构。

平面机构的自由度分析比较简单，而空间机构的自由度分析往往比较复杂。

平面机构自由度 w 的计算公式为

$$w = 3n - 2P_5 - P_4 \qquad (1-1)$$

式中　n——平面机构中活动构件的数量;

　　　P_5——机构中低副的数量;

　　　P_4——机构中高副的数量。

在应用上述公式时,要特别注意识别复合铰链、虚约束和局部自由度。

空间机构自由度 w 的计算公式为

$$w = 6n - \sum_{i=1}^{5} iP_i \qquad (1-2)$$

式中　n——空间机构中活动构件的数量;

　　　i——某个运动副带来的约束数量;

　　　P_i——约束为 i 的运动副的数量。

空间机构自由度的计算比较复杂[16-17],详细分析过程可参考相关文献。

1.5　着陆缓冲机构研究的主要内容

1.5.1　缓冲方法研究

缓冲方法研究是着陆缓冲机构研究的首要问题,也是最为核心的问题之一。根据缓冲方法的基本原理不同,可以把它分为两类,即永久变形法以及阻尼法。其中永久变形法包括金属管扩径变形法、金属管压溃变形法、金属管翻转变形法、金属切削法、泡沫金属压溃变形法、金属杆拉伸变形法及复合材料破碎法等。阻尼法包括液压阻尼法、弹簧阻尼法、电磁阻尼法及摩擦阻尼法等。每一种方法又有多种表现形式。目前应用最广的方法是永久变形法,它一般具有结构组成简单、工艺实施方便、受空间环境影响小、缓冲性能稳定、可靠性高等优点。其不足之处是每次缓冲都通过材料的破坏来实现，缓冲材料不能重复使用，因此，材料的缓冲力难以直接测量或检验，而只能通过批量抽检的方式来间接地检验缓冲力是否满足要求，或通过测量某些几何尺寸来推断缓冲力的大小。

在实际工程研究过程中，为确定合理的缓冲方法，需要综合考虑着陆区温度环境、着陆缓冲机构的工作方式、空间尺寸约束、质量（重量）限制、冲击力的方向以及冲击载荷的允许值等多种因素的影响。

1.5.2　布局研究与结构设计

布局、构型决定了缓冲方法所固有的性能能否得到充分发挥，决定了机构的基本性能，该研究也是着陆缓冲机构研究的核心内容之一。它包括机械接口参数分析、包络空间分析、收拢压紧及展开方式分析、力学环境分析、缓冲能力分析、着陆稳定性分析等，在上述分析的基础上，合理确定着陆缓冲机构在结构上的布局及其构型。

结构设计是保证着陆缓冲机构性能满足要求的最为关键的一个环节。在结构设计时要充分考虑强度、刚度等力学性能要求及质量（重量）要求，并根据空间环境的特点，选取合理的结构材料、结构形式、润滑方式及运动部件的间隙大小，保证着陆缓冲机构的可靠性。正确选用热处理、表面处理方法，并采取必要的热控措施，防止热环境对机构性能带来负面影响。还要考虑到相关传感器、电缆的质量（重量），以避免机构系统的总质量（重量）超出要求。同时要考虑各种线缆的走向及其捆扎与固定方式、热控材料的包覆与固定方式等，确保其不会对机构的展开及缓冲性能产生影响。

1.5.3　加工工艺研究

加工工艺是在结构设计时就要充分考虑的问题，要保证结构设计方案具有良好的生产工艺性。着陆缓冲机构的主要部件一般为薄壁件，所以，机构加工的主要难点之一是保证薄壁件的形状及尺寸公差满足要求。另外，对于相应的关节还要采取适当的润滑及热防护措施，以避免由于飞行及着陆过程中极端温度环境的影响而导致缓冲机构展开、缓冲等运动失效。

1.5.4　地面试验验证

地面试验是着陆缓冲机构研究的重要内容，它包括缓冲材料性能试验、缓冲器性能试验、展开摩擦力测试、缓冲摩擦力测试、展开试验、单套着陆缓冲机构的缓冲试验、多套着陆缓冲机构的组合缓冲试验、着陆稳定性试验、空间环境试验等。一般而言，难度最大的试验为模拟地外星体表面着陆情况的着陆稳定性试验，它需要严格模拟目标星体表面的重力加速度。为了达到这一目的，一般需要建造专门的地面试验系统。

1.5.5　着陆过程仿真

着陆过程仿真研究在着陆缓冲机构的研究中占有重要的位置。由于地面试验条件的有限性以及试验成本的限制，在地面只能针对典型的着陆工况进行有限次数的综合性试验。为了弥补物理试验工况或试验次数的不足，需要依靠大量的仿真对着陆缓冲机构的缓冲性能进行全面验证。在仿真过程中，需要建立着陆缓冲机构及着陆器结构的动力学模型，同时还要建立着陆区目标星体表面的地形地貌模型和土壤力学模型，在此基础上对于可能出现的不同的着陆质量、着陆速度、角速度以及姿态进行相应的仿真。仿真模型的建立与完善需要一个长期的过程。

1.5.6　其他相关研究

为了及时判断着陆缓冲机构在轨飞行情况以及着陆瞬时的工作情况，其上还常常带有相关的传感器或测量设备，如展开锁定指示开关、着陆情况指示开关等，以准确判断着陆缓冲机构的展开状态、着陆状态等，并便于着陆器进一步开展其他相关动作，所以要对相应的传感器技术及信号采集、传输技术进行研究，确保相应信号的拾取方案简单、传输方式可靠、处理结果正确。

1.6　目前研究存在的问题及发展展望

1.6.1　着陆缓冲机构研究存在的问题

经过 50 余年的发展，航天器着陆缓冲技术取得了巨大进步。特别是 20 世纪 60 年代—70 年代，随着载人航天和深空探测技术的发展，着陆缓冲机构技术得到了快速发展。但由于 20 世纪 70 年代末以后美国及苏联载人登月活动的停滞，以及深空探测活动步伐的放缓，着陆缓冲机构技术的发展速度受到了显著影响。直到 20 世纪 90 年代末，我国"神舟"号飞船的成功发射并顺利返回，以及随后的"嫦娥"月球探测计划的实施，再次促进了着陆缓冲机构技术的发展。

到目前为止，我国着陆缓冲机构的研究仍存在以下问题：

缓冲方法的类别相对较少。到目前为止，对于着陆缓冲机构缓冲方法的研究，仍以阻尼法、永久变形法等被动缓冲方法为主，而对主动、半主动缓冲方法在空间的应用研究开展的相对较少，相关技术在空间的可靠应用仍未突破。

着陆缓冲机构的形式相对单一。到目前为止，着陆缓冲机构的形式主要是支架式，且着陆缓冲完成后仅能在原地提供相应的支撑作用，如果需要对周边其他地点进行探测，则还需要通过月球车等来完成。尽管有人提出了可在月面等地外星球表面行走、作业的腿式机构或机器人[16]，但还没有集着陆缓冲、行走、探测作业于一体的机构或机器人。

着陆缓冲机构的研究成果有待推广。航天器着陆缓冲与直升机抗坠毁以及汽车碰撞防护的目的、方法是相似的，着陆缓冲机构研究取得的成果包括新型缓冲材料及缓冲方法[17-20]、缓冲机构设计方法[21]、缓冲性能验证方法[22-24]等，通过适应性改进后有望应用到直升机抗坠毁以及汽车等交通工具的碰撞防护领域，但相关技术的推广工作还没有受到足够的重视。

1.6.2 着陆缓冲机构研究发展展望

随着我国深空着陆探测技术的发展，对新型缓冲材料或缓冲技术以及智能式着陆缓冲机构提出了更加迫切的需求，急需开展以下相关研究工作。

新型高效缓冲材料技术研究。当前常用的铝蜂窝缓冲材料的吸能能力一般在 20kJ/kg 左右，为了进一步提高材料的缓冲能力，需要研制新型高效缓冲材料，包括高强度铝蜂窝、超塑性金属拉杆、高压缩率金属泡沫材料、点阵材料等。随着 3D 打印等技术的发展，为上述高效吸能材料的研制提供了新的途径。

主动、半主动缓冲技术研究。对于未尽知的着陆环境，迫切需要主动或半主动的缓冲技术以保证缓冲能力能够适应着陆初始条件的变化。目前国内外相关技术人员已开始探索磁流变液等技术在着陆缓冲中应用的可行性，并取得了一定的成果。该技术通过改变外加磁场的强度，进而改变磁流变液的阻尼特性，实现缓冲力的半主动控制。

集成式智能着陆缓冲机构研究。为了便于着陆后对周边多个地点进行探测，可以把行走功能融于着陆缓冲机构之中，实现着陆缓冲、行走与探测作业的高度集成与机构的智能化，如图 1-10 所示。这种集成式智能着陆缓冲机构可以采用类似"倒三脚架"式着陆缓冲机构，组成着陆缓冲机构的每一条支柱都可以伸缩，并根据需要在全部或某些支柱的内部设置缓冲器。缓冲结束后，通过各支柱的伸缩，可以方便地实现全方位的行走。这样就可以省去月球车，从而简化了探测器系统的组成，提高了工程实施的可靠性。

图 1 - 10　集成式智能着陆缓冲机构

　　相关理论研究的突破。从图 1 - 10 可知，该着陆缓冲机构是一种典型的少自由度并联机构，其中的上平台为着陆器，下平台为着陆面。缓冲过程可以看作是多个少自由度并联机构协调工作的问题。近年来并联机构学研究取得了令人瞩目的成果[25-26]，能否应用并联机构学研究的有关理论或已经取得的研究成果，解决着陆缓冲机构的构型优化、着陆稳定性分析等问题，也是一个值得我们探讨的十分重要的研究方向。

　　航天器着陆缓冲机构技术的应用推广。在"神舟"号飞船及"嫦娥"探月工程二、三期任务的牵引下，我国航天器着陆缓冲机构技术的研究得到了快速发展，取得了突出的成就。上述成果可以在地面许多领域推广应用，如直升机抗坠毁、汽车碰撞防护、桥梁碰撞防护[27-28]、高速列车碰撞防护、高效防爆罐[29]、安全帽壳[30]、公路拦石网[31]、公路护栏、电梯抗坠毁等领域。在我国航天器着陆缓冲技术进一步发展的同时，应加快相关技术在地面应用的推广工作，以便让航天技术更多、更好地为我国国民经济的发展服务，让航天技术作为更强劲的引擎带动民用技术的发展，让更多的人在我国航天技术发展过程中受益，也让更多的人更好地理解、更多地支持我国航天事业的发展，实现航天技术与地面应用密切结合、相互支撑、相互促进的良性循环的发展目标。

参 考 文 献

［1］ 叶培建，彭兢．深空探测与我国深空探测展望［J］．中国工程科学，2006，8（10）.

［2］ 叶培建，张熇，饶伟．积极应对深空探测的技术挑战［J］．航天器工程，2006，15（3）.

［3］ 杨建中，曾福明．火星着陆探测缓冲气囊技术综述［C］．中国宇航学会首届年会，2005.

［4］ 杨建中，曾福明，满剑锋．月球及深空探测器着陆缓冲机构缓冲方法综述［C］．中国宇航学会首届年会，2005.

［5］ S ULAMEC，S ESPINASSE，B FEUERBACHER，et al. Rosetta Lander – Implications of an Alternative Mission［C］. The 54th International Astronautical Congress（IAC），2003.

［6］ CHARLES R SANDY. Development of the Mars Pathfinder Inflatable Airbag Subsystem［R］. AIAA – 97 – 1545.

［7］ JIM STEIN，CHEARLES SANDY，DARRELL WILSON，et al. Recent Developments in Inflatable Airbag Impact Attenuation Systems for Mars Exploration［C］. The 44th AIAA/ASME/ASCE/AHS/ASC Structures，Structural Dynamics & Materials Confer.

［8］ C S HULEX – REYNARD. An Airbag Landing System for the Beagle2 Mars Probe. AIAA – 2001 – 2046.

［9］ WILLIAM F. ROGERS. Apollo Experience Report – Lunar Landing Gear Subsystem［R］. NASA Technical Note，TN D – 6805.

［10］ R J PARKS. Surveyor 1 mission report. Part 1 – Mission Description and Performance［R］. NASA Technical Report，JPL – TR – 32 – 1023 – PT – 1.

［11］ A BALL，J GARRY，R LOERNZ，et al. Planetary Landers and Entry Probes［M］. Cambridge University Press，2007.

［12］ 申永胜．机械原理教程［M］．北京：清华大学出版社，1999.

［13］ 于登云，杨建中，等．航天器机构技术［M］．北京：中国科学技术出版

社，2011.

[14] 杨建中，曾福明，满剑锋，等."神舟"号飞船航天员座椅缓冲装置缓冲特性研究 [C].中国宇航学会首届年会，2005.

[15] YANG JIANZHONG, ZENG FUMING, XU QINGHUA, et al. Deployment Characteristics of A New Landing Gear for Lunar Lander [C]. The 64th International Astronautical Conference (IAC)，2013.

[16] M HEVERLY, J MATTHEWS, M FROST, et al. Proceedings of the 40th Aerospace Mechanisms Symposium (C)，2010.

[17] 杨建中，曾福明，满剑锋，等.一种着陆探测器软着陆机构薄壁金属管变形缓冲器 [P].中国专利：ZL200710083996.7.

[18] 杨建中，满剑锋，曾福明，等.一种着陆探测器软着陆机构缓冲器 [P].中国专利：ZL200710080670.9.

[19] 杨建中，曾福明，满剑锋，等.一种用于航天器的仪器设备或人员着陆的缓冲装置 [P].中国专利：ZL200610120270.1.

[20] 杨建中，满剑锋，曾福明，等.一种着陆探测器铝蜂窝变形缓冲器 [P].中国专利：ZL 201120551968.5.

[21] 曾福明，杨建中，满剑锋，等.着陆缓冲机构设计方法研究 [J].航天器工程，2011，20（2）.

[22] 杨建中，曾福明，满剑锋，等.嫦娥三号着陆器着陆缓冲系统设计与验证 [J].中国科学：技术科学，2014，44（5）.

[23] 杨建中，吴琼，徐青华，等.一种着陆缓冲机构展开可靠性试验方法 [P].中国专利：CN201418002447.3.

[24] 杨建中，吴琼，满剑锋，等.一种着陆缓冲机构缓冲可靠性试验方法 [P].中国专利：CN 201418002446.9.

[25] 黄真，赵永生，赵铁石.高等空间机构学 [M].北京：高等教育出版社，2006.

[26] 黄真，刘婧芳，李艳文.论机构自由度—寻找了150年的自由度通用公式 [M].北京：科学出版社，2011.

[27] 杨建中，吴琼，满剑锋，等.一种陆路桥梁防撞装置 [P].中国专利：CN 201420261782.X.

[28] 杨建中，满剑锋，王文龙.一种超塑性安全限高杆 [P].中国专利：CN 2014102860341.

[29] 杨建中，王文龙，满剑锋．一种便携式可变形吸能防爆罐［P］．中国专利：CN 201410243201.4.

[30] 杨建中，王文龙，满剑锋，等．一种可变形缓冲的安全帽帽壳［P］．中国专利：CN201410286253X.

[31] 杨建中，满剑锋，王文龙．一种超塑性拦石网［P］．中国专利：CN2014102861630.

第 2 章　着陆缓冲方法

2.1　概述

为了实现航天器的安全着陆,首先要根据航天器飞行过程中以及着陆星体表面的环境条件,并兼顾着陆缓冲机构可能的构型,来选择适当的着陆缓冲方法。一般而言,着陆缓冲方法要具有受空间环境影响小、工艺实施简单、存储寿命长等优点。由于航天器着陆多为一次性动作,所以一般不要求着陆缓冲方法可实现多次等效缓冲。

在选择着陆缓冲方法时,除了要考虑上述要求外,还要考虑以下要求:

不可逆性。尽可能把航天器着陆时的动能不可逆地转变为其他形式的能量,如塑性变形能、热能、电能等,而不要通过弹性变形来储存能量,以避免弹性变形能的自由释放而导致二次冲击或其他难以控制的后果。

高效性。耗散单位能量所需的缓冲材料的质量轻、体积小,所需的防热、径向约束等附加措施或条件少,以便在有限的推进、包络和能源条件下完成缓冲任务。

稳定性。缓冲方法受地面存储环境以及空间环境的影响小,且在缓冲过程中缓冲力的波动小,以保证稳定吸能,避免着陆时的冲击响应值超出要求。

可设计性。可以通过改变某个设计尺寸,来方便地适应不同能量的吸收,或保证不同的缓冲能力裕度,以适应可能的着陆初始条件的变化。

工艺性。缓冲方法易于工程实施，便于加工制造、装配调试和组合使用。

易检验性。在地面可以方便地对表征缓冲力大小的有关参数进行检验，并可通过抽检的方式定量评估缓冲方法的有效性、稳定性，以便在地面对缓冲方法进行综合评价和优选。

经济性。加工、装配、调试、试验等环节的成本低。

当前常见的着陆缓冲方法主要为永久变形法以及阻尼法，前者包括多胞材料变形法、薄壁金属管变形法、金属杆拉伸变形法、金属切削法、复合材料破碎法、局部结构变形法等，后者包括液压阻尼法、摩擦阻尼法、电磁阻尼法等。在此基础上，近年来人们开始探索其他着陆缓冲方法，如磁（电）流变液法等，以实现着陆过程的半主动控制，更好地适应着陆初始条件的变化，或特殊情况下的多次等效缓冲。

2.2　多胞材料变形法

该方法通过多胞材料的塑性变形实现着陆缓冲。目前常见的可变形多胞材料为泡沫金属和金属蜂窝，尤其以泡沫铝和铝蜂窝最为常见。泡沫铝和铝蜂窝均具有较低的密度、优良的耐热性和抗腐蚀性。两者的主要区别是泡沫铝的缓冲性能具有各向同性，可以缓冲任一方向的冲击，但其变形过程中缓冲力—位移（应力—应变）曲线不够平缓，缓冲力—位移曲线与横轴之间所围成的图形不够饱满。铝蜂窝的缓冲性能具有各向异性，沿铝蜂窝芯格轴线方向的缓冲能力较强，而在垂直于铝蜂窝芯格轴线方向的缓冲能力较弱，但其变形过程中缓冲力—位移曲线非常平缓，缓冲力—位移曲线与横轴之间所围成的图形非常饱满，接近矩形。

2.2.1　泡沫铝及其缓冲力特点

泡沫铝的内部有许多不规则的孔洞，孔洞的形状和大小可以通过制备工艺参数进行控制。根据泡沫铝内部的孔洞是相互贯通还是彼此独立，可以把它分为开孔式泡沫铝和闭孔式泡沫铝两种形式，如图 2-1（a）、2-1（b）所示。泡沫铝具有密度小、比强度和比刚度高等优点，是一种结构和功能一体化的材料。

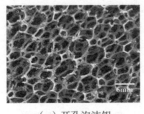

（a）开孔泡沫铝　　　　　　　　　（b）闭孔泡沫铝

图 2-1　泡沫铝的两种形式（中国科学院韩福生研究员提供）.

当泡沫铝受到压应力作用时，其孔棱和孔壁发生弹性变形，一旦孔棱和孔壁的应力超过基体材料本身的屈服应力，孔棱和孔壁就会发生塑性变形，孔洞便开始坍塌，泡沫铝材料随之产生整体塑性变形。图 2-2 为用渗流法制作的泡沫铝在静态压缩时的应力—应变曲线[1]，图中 ρ^* 为泡沫铝的密度，ρ_s 为金属铝的密度。

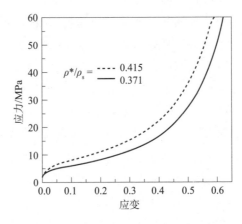

图 2-2　泡沫铝静态压缩时应力—应变曲线

从图 2-2 可以看出，泡沫铝的应力—应变曲线具有弹性段、塑性段和密实段的三阶段变形特征。如果泡沫铝材料相对密度大，则曲线上对应的应力高，这表明对于由同种基体材料制造的泡沫铝，其屈服强度随相对密度的增加而上升。试验还表明冲击情况下的屈服强度比静态压缩时的屈服强度高。尽管制备过程可能导致泡沫铝结构的不均匀性，进而导致泡沫铝应力—应变曲线的弹性段可能存在一定的偏差，但由于此阶段的应力和应变都很小，所以其对缓冲性能的影响可以忽略。随着载荷的增加，泡沫铝材料的变形进入塑性段，应力—应变曲线呈现一段较长的平缓上升的"平台"，对于同种材料，塑性段一般具有较好的一致性。这一特性表明，泡沫铝具有良好的能量吸收性能。当泡沫铝中的大多数孔洞坍塌后，应力—应变曲线出现显著上翘，即泡沫铝材料的变形进入密实段，进入此阶段后，泡沫铝就难以变形吸能了。

由于泡沫铝的缓冲力具有各向同性，所以，特别适合着陆时冲击力方向不确定、在空间三个方向均需要相同缓冲力的情况。为了防止真空环境下闭孔泡沫铝内的气体压力对泡沫铝应力—应变曲线的影响，真空环境下采用开孔泡沫铝更易于保证缓冲性能的稳定性。

我国"神舟"号飞船返回舱球型金属底壳的内壁与承载梁之间的某些位置填充了泡沫铝，用于返回舱着陆时的辅助缓冲[2]，起到了积极的效果，如图 2-3 所示。我国"嫦娥"三号研制初期，其着陆缓冲机构足垫的制备也曾尝试用泡沫铝材料，但由于泡沫铝的密度比铝蜂窝密度大得多，导致足垫的重量难以满足要求，因此足垫的主要材料仍采用了铝蜂窝[3]。

2.2.2　铝蜂窝及其缓冲力特点

铝蜂窝的密度一般为每立方米数十千克，压溃强度一般为几兆帕。对于拉伸成形的铝蜂窝而言，由于加工工艺的限制，铝蜂窝沿芯格轴线方向的尺寸一般不超过 150 mm。当缓冲行程要求较大时，可以把几段铝蜂窝串联起来使用，这样不仅可以降低加工难度，而且在冲击输入不变的前提下，可以通过不同规格铝蜂窝的串联组合，

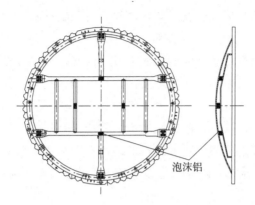

泡沫铝

图 2-3　"神舟"号飞船泡沫铝使用情况

得到期望的冲击响应曲线[4]。

铝蜂窝沿芯格轴线方向的缓冲力特性可用以下经验公式表示[5]

$$\sigma = 40.5 \frac{t^2}{d^2}\sigma_s + 1.155 \frac{t}{d}\tau_s \qquad (2-1)$$

式中　σ——铝蜂窝的平均轴向应力；

　　　t——铝箔厚度；

　　　d——芯格的内接圆直径；

　　　σ_s——拉伸屈服极限；

　　　τ_s——剪切屈服极限。

由式（2-1）可知铝蜂窝的缓冲能力与铝箔材料的屈服强度、铝箔的厚度、芯格的大小有关。铝箔材料屈服强度提高、厚度增大或芯格边长减小，均可以提高平均轴向应力，进而提高缓冲力。这些参数受环境温度的影响小，因此铝蜂窝的缓冲力比较稳定，非常适合空间环境下的着陆缓冲。值得注意的是：当铝蜂窝的截面积较小，芯格的数量较少时，会出现缓冲力不稳定的现象。另外，该公式的误差较大，在实际工程应用中，一般先利用该公式对铝蜂窝的缓冲力进行估算，而后再通过试验来确定铝蜂窝的实际轴向应力。当平均轴向应力 σ 确定后，可以通过调整铝蜂窝材料的截面面积，来满足所需的缓冲力大小，因此，其缓冲力的调整方法非常简单。

某铝蜂窝静态压溃时沿芯格轴线方向的缓冲力—位移曲线如图2-4（a）所示，压溃过程中的变形情况如图2-4（b）所示。

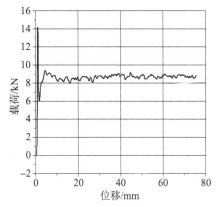

（a）铝蜂窝材料静态压缩曲线

（b）铝蜂窝材料压缩过程

图2-4 铝蜂窝缓冲力曲线及压缩过程

铝蜂窝压溃变形时，其缓冲力具有以下特点：

1）缓冲力具有较长的"平台"特性。在静态变形过程中，铝蜂窝材料受压初期，其皱褶变形一般从某一端开始，而后逐渐向另一端均匀传递。此过程中，缓冲力—位移曲线首先会出现一个宽度很小、数值较大的"峰值"，随后是一段较长的"平台"，如图2-4（a）所示。"平台"的长度约为铝蜂窝初始高度的70%～80%。随着皱褶变形的结束，缓冲力的平台段也随之结束，缓冲力迅速增大，铝蜂窝被压实，如图2-4（b）所示。铝蜂窝缓冲力的大小是指其"平台"段对应载荷的平均值。

2）冲击时的缓冲力比静态承载力大。在冲击载荷作用下，铝蜂窝材料的平均缓冲力比静态承载力大，且冲击情况下，缓冲力—位移曲线的波动增大，如图 2 - 5 所示。冲击过程中的皱褶变形情况与静态压缩时相同。

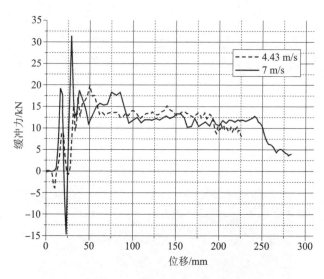

图 2 - 5　铝蜂窝材料冲击缓冲曲线

3）在不同冲击速度下，铝蜂窝缓冲力会略有区别。如图 2 - 5 所示，冲击速度为 7 m/s 时的缓冲力—位移曲线比冲击速度为 4.43 m/s时的缓冲力—位移曲线的波动要大，且相应的平均缓冲力也稍大。

4）冲击过程中铝蜂窝有可能失稳。当铝蜂窝存在局部缺陷时，例如芯格大小不均匀，或缓冲位移较大且没有适当的约束时，或冲击力的方向与铝蜂窝芯格轴线方向不重合时，铝蜂窝在冲击变形过程中有可能局部失稳，如图 2 - 6 所示，由此将导致缓冲力出现较大波动。

当单一铝蜂窝的缓冲能力无法满足使用要求时，可以将多块铝蜂窝串联组合。为了防止串联组合时相邻铝蜂窝在压力作用下相互

图 2-6　铝蜂窝材料失稳情况

切入而无法正常压溃变形，可在相邻的两块铝蜂窝之间放置刚度较大的铝板，将相邻两段铝蜂窝隔离，如图 2-7 所示。还可以通过不同规格铝蜂窝材料的串联组合，来满足冲击响应加速度以及加速度增长率等参数的要求。由于铝蜂窝拉伸成形工艺中拉伸力的限制以及拉伸后的回弹，对铝箔的最大厚度以及铝蜂窝芯格的最小边长都有一定的限制要求，由式（2-1）可知，由此会限制相应铝蜂窝的平均轴向应力值。要获得较大的缓冲力，只能依靠增加铝蜂窝的截面积，因此用拉伸成形法制备的铝蜂窝，在缓冲时所需要的径向尺寸一般较大。

（a）试验前铝蜂窝试验件　　　　　　　（b）试验后铝蜂窝试验件

图 2-7　冲击试验前后铝蜂窝试验件状态

　　另外，随着温度的上升，铝材的拉伸、剪切屈服极限均会有所下降，由公式（2-1）可知，相应的平均轴向应力也会下降。图2-8所示为三种不同铝蜂窝材料在不同温度下静态加载时缓冲力的变化情况。由图2-8可以看出，不同铝蜂窝的缓冲力随温度上升而下降的程度略有不同。另外，同一铝蜂窝经历温度循环再次回到初始温度后，铝蜂窝的缓冲力一般没有明显变化，这一特性对于空间应用尤为重要。

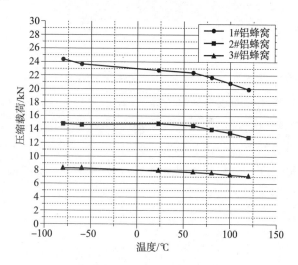

图2-8　温度对铝蜂窝缓冲力影响曲线

　　为了减小铝蜂窝缓冲过程中的峰值载荷，进而减小相应设备所受到的冲击过载，在使用前往往对铝蜂窝材料进行预压处理[6]。图2-9为经过预压处理和未经预压处理的规格完全相同的两个铝蜂窝试件，在相同冲击条件下的响应加速度-时间曲线。从图2-9可以看出，通过铝蜂窝的预压处理，不仅可以有效地控制变形开始时缓冲力的峰值，使缓冲力尽快进入"平台"段，而且其变形过程中缓冲力的波动程度也明显减小。另外，通过这一措施，还可以判断铝蜂窝的缓冲力是否满足设计要求，并通过观察预压后铝蜂窝的变形结果，剔除不规则的皱褶变形情况，从而进一步保证铝蜂窝缓冲力的稳定性。

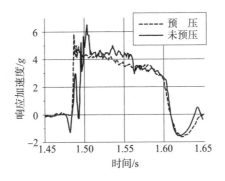

图 2-9　预压对铝蜂窝输出加速度影响曲线

　　为了确保铝蜂窝缓冲力的稳定性，还要严格控制其加工过程中的每一道工序。以常见的六边形铝蜂窝为例，其拉伸加工的主要过程如下：

　　铝箔性能检测 ——→ 铝箔清洗及表面处理 ——→ 涂胶、切断、层叠 ——→ 加压、加热固化 ——→ 截断 ——→ 拉伸 ——→ 加工成形

　　首先要对铝箔的性能进行检测，主要是对铝箔的厚度以及机械特性进行复验，确保相应指标满足要求。然后对铝箔进行清洗和表面处理，以防止铝箔锈蚀，保证其机械性能的稳定性。随后在铝箔表面涂胶，该工序需要严格控制胶的配比以及室内湿度，否则胶接强度就会受到影响，从而影响铝蜂窝材料的特性。同时根据需要的芯格尺寸确定两根胶条之间的距离，在涂胶的同时把铝箔切断、层叠起来。而后把铝箔加热到一定温度，并施加一定的压力使胶固化，从而把层叠的铝箔粘接在一起。固化完毕后，根据所需的铝蜂窝的高度（或厚度）将层叠的铝箔截断，在专用的铝蜂窝拉伸成型机上把层叠的铝箔拉开，并控制回弹量，保证芯格尺寸满足要求。最后再把铝蜂窝材料加工成实际需要的尺寸。成型过程中的主要环节如图 2-10 所示。

　　为了弥补拉伸铝蜂窝强度的不足，以及拉伸过程中由于回弹而

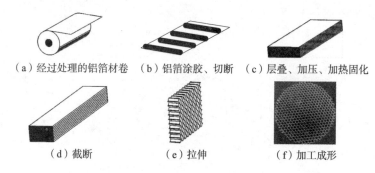

（a）经过处理的铝箔材卷　（b）铝箔涂胶、切断　（c）层叠、加压、加热固化

（d）截断　　　　　　　（e）拉伸　　　　　　（f）加工成形

图 2-10　铝蜂窝拉伸制备过程

可能出现的芯格不规则等情况，人们又探索了铝蜂窝的成形加工方法，即先将铝箔挤压成形，而后将第奇数个波纹条和经过翻转后的第偶数个波纹条涂钎料，并依次逐个层叠起来，用真空钎焊炉对层叠后的铝箔进行加压加热，形成铝蜂窝芯块，如图 2-11 所示。该方法利用模具对铝箔进行挤压成形，保证要求的铝蜂窝芯格的形状及铝蜂窝的最大高度（厚度）。由成形过程可知，该方法既消除了拉伸成形过程中由于回弹而导致的铝蜂窝芯格不规则的现象，同时又避免了由于拉伸力不够而出现的铝蜂窝强度较低的问题。它特别适合高强度、高精度缓冲用铝蜂窝的加工。

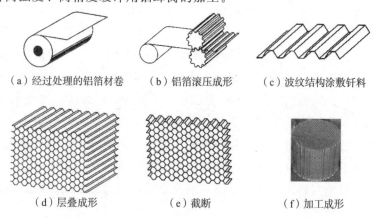

（a）经过处理的铝箔材卷　　（b）铝箔滚压成形　　（c）波纹结构涂敷钎料

（d）层叠成形　　　　　　（e）截断　　　　　　（f）加工成形

图 2-11　铝蜂窝成形加工过程

苏联在月球着陆探测研究过程中，曾经探索了采用铝蜂窝缓冲器的可行性，制作了地面样机[5]，美国"阿波罗"载人登月舱的月面软着陆[7]、"海盗"号探测器在火星表面的软着陆[8]、我国"嫦娥"三号在月面的软着陆[9]等都采用了铝蜂窝材料来缓冲着陆时的冲击。

2.3　薄壁金属管变形法

2.3.1　轴向压溃变形法

薄壁金属管轴向压溃变形法也称为皱褶变形法，该方法通过薄壁金属管在轴向压溃变形过程中产生的塑性变形来吸收冲击能量。薄壁金属管的截面可以是多种形状，其中圆截面最为常见。在薄壁圆管轴向压溃时，其变形模式可能是轴对称方式，或非轴对称方式，也可能是上述两种方式的混合。具体变形模式主要取决于直径与厚度之比[10]。

如图 2-12 所示，在薄壁圆管压溃变形过程中，缓冲力 F 可用下式估算[10]

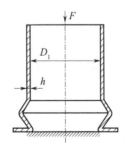

图 2-12　薄壁金属管压溃变形法

$$F = 6\sigma_s h \sqrt{D_1 h} \qquad (2-2)$$

式中　σ_s ——材料的屈服强度；

D_1 —— 薄壁圆管的内径；

h —— 薄壁圆管的壁厚。

在实际应用过程中，当薄壁金属管长度较大时，为了防止其产生不规则变形，避免缓冲力的巨大波动，在管的内部一般要设导向装置，如图 2 - 13 所示[11]。

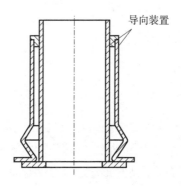

导向装置

图 2 - 13　内部加导向的情况

该方法的缓冲原理与铝蜂窝材料压溃变形法的缓冲原理相似，当铝蜂窝芯格的数量逐渐减少直至一个时，铝蜂窝材料压溃变形法就转化为薄壁金属管压溃变形法，因此，该方法的缓冲力特性与铝蜂窝压溃变形法的缓冲力特性有相似之处，但由于薄壁金属管只相当于一个"芯格"，因此其缓冲力的波动较大，如图 2 - 14 所示。为了增大缓冲力，同时充分利用变形空间，可以采用多个直径不同的薄壁金属管相嵌套的方式实现缓冲。在这种缓冲方式下，可以通过一定的控制措施，使内部薄壁金属管缓冲力曲线的波峰与外部薄壁金属管缓冲力曲线的波谷基本重合，从而大大减小总缓冲力的波动性。为了避免薄壁金属管过长而易于出现的不规则变形，可以把多段薄壁管串联使用，且可以通过调整不同金属管的壁厚，满足特定的缓冲需要，如图 2 - 15 所示[11]。

采取上述方法压溃的薄壁金属管及相应的辅助工装如图 2 - 16 所示。

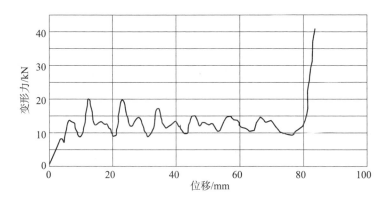

图 2 - 14 薄壁金属管变形力—位移曲线

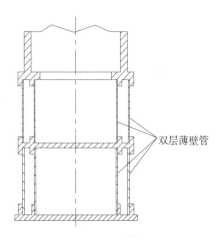

图 2 - 15 多层、多段薄壁金属管的组合

（a）双层金属管

（b）压溃工装

图 2 - 16 双层薄壁金属管压溃及其工装

当需要的缓冲力较小，且允许的薄壁金属管的直径也较小时，由式（2-2）可知，壁厚尺寸必然很小。为了避免微小壁厚带来的地面加工、检验、控制的难度，同时进一步控制薄壁金属管轴向压溃方式，还可以在薄壁管的侧壁上加工出相应的孔，如图 2-17（a）所示。其变形力可以参照式（2-2）估算，其中的 D 值要根据周向削弱程度及其与圆管周长的比例关系确定。当其长度较长时，为了保证其规则变形，进而保证缓冲力的稳定性，也需要设置相应的导向装置。该方法由于孔洞的存在，导致变形的不均匀性增加，进而导致缓冲力的波动增大，其变形力—位移曲线如图 2-17（b）所示。

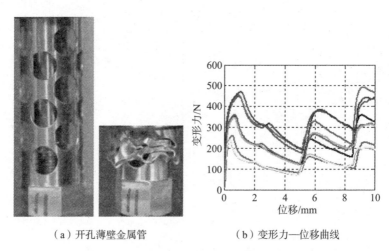

（a）开孔薄壁金属管　　　　　　（b）变形力—位移曲线

图 2-17　开孔薄壁金属管及其变形力—位移曲线

薄壁金属管压溃变形法具有以下特点：

1）缓冲力调整方便。由公式（2-2）可知，在薄壁金属管的材料和直径确定以后，可以方便地通过调整壁厚尺寸来调整缓冲力的大小；

2）实施工艺简单。该方法的实施不需要任何专用或特殊的加工设备，实施工艺简单，成本低，且易于地面检验、控制，特别适合单件、小批量的生产与使用；

3）易于获得较大的缓冲力/径向尺寸比值。由公式（2-2）可知，缓冲力的增大可以仅通过增加壁厚尺寸来获得，因此，易于获得较大的缓冲力/径向尺寸比值。当径向空间较小时，该方法的优势将更加突出。

我国"神舟"号飞船上的一种机构，展开时的冲击缓冲就采用了类似方法[12-13]。

2.3.2　扩径变形法

扩径变形法是依靠薄壁金属管直径扩大过程中的塑性变形和相应的摩擦来吸收冲击能量的，该方法的工作原理如图 2-18 所示。锥环大端的外径大于薄壁金属管的内径，缓冲过程中，在挤压力的作用及锥环的约束下，薄壁金属管发生扩径变形现象，将冲击能量转变为薄壁金属管的弹、塑性变形能以及薄壁金属管和锥环之间的摩擦热能，从而达到缓冲吸能的目的。其中的锥环也可以用球环代替。

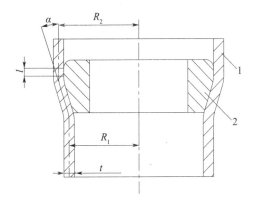

图 2-18　扩径变形法原理

1—薄壁金属管；2—锥环

薄壁金属管通过锥环的扩径过程可以看作塑性成形问题，缓冲力 F 可以用式（2-3）估算[14]

$$F = 2.3\pi\sigma_s \left[1 - \left(\frac{R_1}{R_2} \right)^w \cdot e^{-\frac{f \cdot l}{R_2}} \right] \cdot R_1 \cdot t \qquad (2-3)$$

式中　σ_s——薄壁金属管材料的屈服强度；

　　　　R_1 和 R_2——分别为扩径前后薄壁金属管的中径；

　　　　t——薄壁金属管的壁厚；

　　　　α——锥环的半锥角；

　　　　l——锥环的定径带（即直径大小不变的一段）长度；

　　　　f——摩擦系数；

$$w = \frac{\tan\alpha + f}{(1 - f \cdot \tan\alpha) \cdot \tan\alpha} \ 。$$

由式（2-3）可知，薄壁金属管扩径变形时的缓冲力，主要与金属管变形前后的几何尺寸、金属管材料的屈服强度 σ_s、锥环的几何参数以及摩擦系数 f 有关，这些参数基本不受环境温度的影响，因此缓冲力比较稳定。

在实际应用过程中，通常把薄壁金属管设计成几段，这样既可以降低加工难度，同时在冲击输入不变的前提下，又可以通过几段不同壁厚金属管的组合，得到期望的缓冲结果[15]。两段金属管组合使用时的缓冲力实测情况见图 2-19。

为了保证每段薄壁金属管均能顺利进入锥环，在金属管的内部也同样需要相应的导向装置，如图 2-20 所示。

薄壁金属管扩径变形法具有以下特点[16]：

1）在两个薄壁金属管同时与锥环接触的阶段，缓冲力波动增大。特别是当对应的锥环无定径带时，缓冲力曲线会出现一个明显的尖峰。当对应的锥环有定径带时，缓冲力曲线则比较平缓。

2）润滑方式对缓冲力的影响显著。薄壁金属管扩径变形过程中，摩擦力对总缓冲力的影响不能忽视，不同润滑方式的摩擦系数不同，因此，缓冲力也不一样，如图 2-19（b）所示。要保证缓冲力要求，必须选择适当的缓冲方法。

3）不同薄壁金属管的串联方式对冲击响应的影响很大。为了得到一个较为平缓的冲击响应曲线，薄壁金属管的壁厚一般按由薄到厚的顺序排列。

（a）缓冲力测试方法

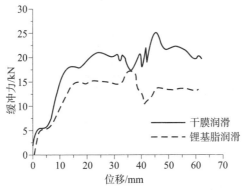

（b）缓冲力实测曲线

图 2-19　两段金属管组合使用时的缓冲力曲线

1—试验机；2—工装；3—金属管；4—锥环

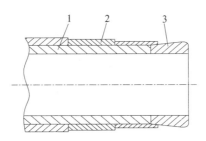

图 2-20　导向使用情况

1—导向筒；2—金属管；3—锥环

　　另外，对于同种材料的薄壁金属管，在几何参数相同的前提下，冲击时的缓冲力比静态变形时的缓冲力低，其原因之一是冲击时的摩擦力较小。

　　我国"神舟"五号至"神舟"十号载人飞行过程中航天员座椅的缓冲就采用了该方法[16]。

2.3.3　翻转变形法

　　翻转变形法是利用薄壁金属管在翻转过程中的塑性变形及相应的摩擦吸收冲击能量的。用于翻转变形的最常见的薄壁金属管也为圆管，其工作原理如图 2-21 所示。薄壁金属圆管在专用的翻转模具上受到轴向压力时，经历弹性变形段 1、初始屈曲段 2、扩口段 3、卷曲段 4 等复杂的过渡过程，最后进入稳定的翻转段 5，如图 2-22所示。在翻转段变形力基本上保持不变，此时的变形力称为翻管力，也即缓冲力。在不考虑摩擦等影响下，缓冲力 F 可以用下式估算[17]

$$F = \pi\sigma_s Dt(4r/D + t/2r + t/D) \qquad (2-4)$$

式中　σ_s——金属管材料的屈服极限；

　　　　D——金属管的中径；

　　　　t——壁厚；

　　　　r——翻转半径。

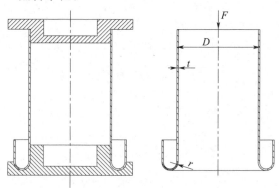

图 2-21　翻转变形工作原理

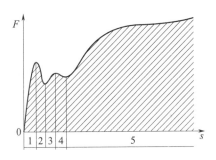

图 2 - 22　翻转变形过程中变形力曲线

由图 2 - 22 可以看出，大部分的能量是在稳定的翻转段吸收的。值得注意的是，在薄壁圆管受轴向压力作用时，翻转变形并非唯一的变形模式，有时还会出现失稳以及开裂等现象。为保证翻转过程的顺利实现，进而保证缓冲过程中缓冲力的稳定性，需要适当控制金属管的长径比以及翻转半径的大小，同时选择塑性较好的材料。在长径比较大时，为保证翻转过程稳定，在薄壁圆管的内部也同样需要设置相应的导向装置。

在金属管材料确定的前提下，为了保证翻转过程的稳定性，需要尽可能减小缓冲力。由式（2 - 4）易知，当 $r = (Dt/8)^{1/2}$ 时，缓冲力 F 具有最小值 $F_{\min}$ [17]，即

$$F_{\min} = \pi \sigma_s t \left[(8Dt)^{1/2} + t \right] \qquad (2 - 5)$$

该方法具有以下特点：

1）工艺实施的难度较大。对于一种特定尺寸的薄壁圆管，一般都要通过大量工艺试验的探索，才能获得稳定的翻转过程。

2）在预翻转后才能使用。这样一方面可以检验是否可以获得稳定的翻转效果，另一方面，还可以消除翻转开始阶段不稳定的缓冲力，保证缓冲过程的稳定性。

3）可以通过调整壁厚 t 来调整缓冲力。由式（2 - 4）可知，缓冲力 F 与壁厚 t 之间为指数关系，因此，可以通过微调壁厚 t，实现缓冲力 F 的显著调整。

2.4　金属切削法

金属切削法是通过切削金属的方式来缓冲冲击载荷的,其工作原理如图 2-23 所示。在冲击载荷作用下,金属套筒与拉刀之间相对运动,切削刃依次切削金属套筒,把冲击能量转化为金属切削变形能,从而达到缓冲吸能的目的[18]。

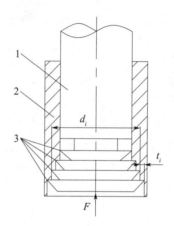

图 2-23　金属切削法工作原理

1—拉刀;2—金属套筒;3—切削刃

缓冲力 F 的大小可以用下式来估算

$$F = \pi p \sum_{i=1}^{i=n} C_i d_i t_i \qquad (2-6)$$

式中　p——拉刀齿作用在金属套筒上的当量压力;

　　　n——同时工作的齿数;

　　　d_i——第 i 个齿的切削刃宽直径;

　　　t_i——被第 i 个齿切削掉的金属的厚度;

　　　C_i——第 i 个齿切削刃的宽度系数（$C_i \leqslant 1$;当 $C_i = 1$ 时,
　　　　　切削刃沿整个圆周）。

金属切削法具有以下特点:

1）缓冲力的调整方法简单。通过调整套筒材料、套筒以及拉刀的直径、拉刀切削齿数等，可以方便地得到所需的缓冲力。

2）易于获得较大的缓冲力/径向尺寸比。与其他缓冲方法相比，多个齿的同时切削，易于获得较大的缓冲力，且所需的径向尺寸较小。

3）加工、装配精度要求高。一般情况下，切削金属的厚度在 10^{-2}mm 数量级，而普通机械加工的精度也在这个范围，所以，该方法对拉刀、金属套筒的加工精度及装配精度要求非常高，否则，缓冲力将出现较大波动。

苏联探讨了该方法的可行性，研制了地面试验件[5]。在我国“神舟”一号到“神舟”四号飞船的无人飞行中，“模拟航天员”座椅的缓冲也采用了相似方法[18]。

2.5　金属杆拉伸变形法

金属杆拉伸变形法是通过金属杆的塑性拉伸变形来吸收冲击能量的。其工作原理如图 2-24 所示。当金属杆受到冲击拉力 F 的作用，且由于 F 的作用而使金属杆的拉应力超过其材料的屈服极限时，金属杆就会产生塑性变形，吸收相应的冲击能量，从而达到缓冲的目的。

其缓冲力的大小可以用材料的屈服极限与金属杆截面积的乘积来估算，即

$$F = \sigma_s S \qquad\qquad (2-7)$$

式中　σ_s——金属材料的屈服极限；

　　　S——金属杆截面积。

通过更换金属材料或调整金属杆的截面积，可以方便地调整缓冲力的大小。一种特殊金属材料制备的金属杆及其缓冲力曲线如图 2-25和图 2-26 所示。

图 2-24　金属杆拉伸变形缓冲法工作原理　　图 2-25 一种特殊金属杆变形情况

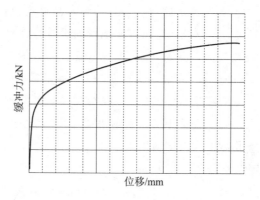

图 2-26　一种金属杆缓冲力曲线

金属杆拉伸变形法的关键是要选择塑性良好的材料。实际工程应用中，由于金属材料在常温环境下的延伸率一般不超过 40%，特别是当金属拉杆直径较小时，其实际延伸量会更小。为了适应一般材料延伸率低的特性，要获得期望的拉伸变形量，可以适当增大金属杆的初始长度，但这一措施增大了金属杆出现局部缺陷的概率，从而导致金属杆可能在某一位置处过早断裂，同时，还将增加金属杆的重量。因此，当所需要的缓冲力较小，从而导致金属杆直径较小时，一般都需要采用专门的常温超塑性材料如高锰钢[19-20]来制备金属杆。

金属杆拉伸变形法具有以下特点：

1）所占的径向尺寸小。金属杆的直径一般在 10mm 以下，因此，其所占的径向尺寸非常小，特别适合径向空间较小的场合使用。

2）缓冲力调整方便。可以通过适当增大金属杆直径或通过多个金属杆并联使用的方式，增大缓冲力。

3）便于与其他方法组合使用。由于其所需的径向尺寸小，可以方便地与铝蜂窝或薄壁金属管组合使用，实现拉、压双向缓冲。

4）缓冲行程可以二次释放。缓冲工作完成后，如果没有达到预期的变形量，可以通过切割器切断拉杆，从而使缓冲行程完全释放[21]。

5) 对材料的延伸率和屈服强度要求较高。有时需要根据特殊要求采用特殊材料，如超塑性高锰钢加工金属杆。

我国"嫦娥"三号着陆缓冲机构中的辅助缓冲器，就采用了该方法缓冲着陆时水平方向的拉伸冲击载荷[22]。

2.6　复合材料破碎法

复合材料的缓冲吸能性能是其研究的热点之一，并已经在直升机抗坠毁中得到了应用[23]。设计合理的复合材料管如圆柱管、圆锥管等，可以吸收大量的轴向冲击能量。复合材料管件在轴向冲击载荷作用下，首先发生弹性变形，而后在管件的局部发生失效破坏，最后随着载荷的增加进入全面压溃阶段，该阶段是吸能的主要阶段。复合材料压溃过程中的载荷—位移曲线如图 2 - 27 所示[24]。从图 2 - 27 可以看出，复合材料压溃过程中的缓冲力波动较大。

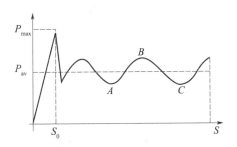

图 2 - 27　复合材料压溃过程中载荷—位移曲线

由于复合材料的力学特性比较复杂，其损伤破碎形式多种多样，包括纤维断裂、纤维脱粘、基体开裂、基体粉碎等，因此，影响复合材料缓冲吸能的因素很多，包括纤维强度和刚度、纤维体积含量、铺层设计、结构形式、成型工艺过程和加载条件等。在材料相同的情况下，纤维的铺设角度和位置对吸能性能也有很大影响。为了控制初始破坏形式，显著降低复合材料的峰值载荷，使复合材料以可控的、预期的方式破坏，可以在复合材料上设置薄弱环节。

复合材料的缓冲能力强，缓冲吸能过程复杂，影响因素较多，缓冲力的精确控制困难。它一般用做缓冲结构，而不用于着陆缓冲机构之中。

2.7　其他缓冲方法

2.7.1　气液阻尼法

当有外力作用时，液体流经阻尼孔节流形成压力降，产生所需的缓冲力，从而达到缓冲的目的。图 2 - 28 所示为美国"勘察者"号系列月球着陆器的液压阻尼缓冲器，它的缓冲力 F 可以用下式计算[25]

$$F = (p_f - p_0) \cdot \frac{d^2}{4}\pi \qquad (2-8)$$

式中　p_f ——缓冲器内部液体压力；

　　　p_0 ——外部环境压力；

　　　d ——活塞杆截面直径。

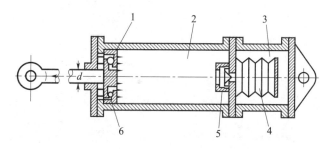

图 2 - 28　液压阻尼缓冲器示意图

1—压缩阻尼孔；2—液体室；3—气体室；4—波纹管；5—温度补偿阀；6—伸展阻尼孔

由于液体的密度、压力、黏度等性能参数一般与温度密切相关，所以要获得稳定的缓冲性能，就必须设法减小温度对这些参数的影响，另外，还要解决空间环境下高真空以及温度变化范围较大时的密封问题。因此，设计一个适应空间环境、具有合理性能参数的气液阻尼缓冲器的难度较大，且其固有的可靠性较低。

图 2-28 所示的缓冲器，缓冲时压缩阻尼孔打开，在液体流经压缩阻尼孔的过程中，产生相应的阻尼，从而把冲击能量吸收掉。当缓冲器需要伸展恢复时，伸展阻尼孔打开，液体缓慢流经伸展阻尼孔，实现缓冲器的缓慢恢复。液体室通过带有弹簧的温度补偿阀与位于气体室内的密封波纹管相连。在缓冲时，液体室内的压力迅速升高，此时温度补偿阀关闭。而当压力变化很缓慢时，温度补偿阀打开。这样，通过气体室内的气体压力，把整个液体室内的压力保持在一定的范围内，以承受着陆器着陆后的重力作用。

气液阻尼法具有以下特点：

1）适合冲击载荷较小的情况。与其他缓冲方法相比，在冲击载荷较大时，缓冲器的重量相对较大。

2）可以多次使用。缓冲后阻尼系统不会被破坏，可以重复工作，或者使缓冲器恢复到原状态，因此，特别适合着陆器着陆后需要调整姿态的情况。美国"勘察者"号月球着陆器之所以采用气液阻尼法实现着陆时的冲击缓冲，对着陆后姿态的严格要求是其中一个重要的原因[25]。

3）研制成本高，难度大。液体介质的密度和黏度等参数与环境温度密切相关，因此要保证缓冲性能稳定，需要解决缓冲器的密封、温控以及介质的黏度控制等诸多问题。

4）对密封性能要求高。由于气液阻尼法涉及到具有一定压力的气体和液体，且一般要经历严酷的空间环境，所以，对密封性能要求高，以避免出现液体、气体的泄漏问题。

美国"勘察者"号探测器通过气液阻尼法成功实现了在月面的着陆缓冲[25]，但是"勘察者"号在月面着陆探测过程中，曾出现了液体介质泄漏的情况，考虑到气液阻尼法的高风险性，美国"阿波罗"号载人登月舱放弃了该方法，而采用了铝蜂窝压溃变形法实现月面的着陆缓冲[7]。

2.7.2　电磁阻尼法

电磁阻尼法也是一种常用的缓冲方法，它一般与传动系统联合使用。一种电磁阻尼器如图 2-29 所示。电磁阻尼器内外磁铁之间的缝隙形成一个磁场，在外部冲击载荷的作用下，转子旋转产生涡流，涡流与磁场之间的相互作用产生阻止转子旋转的力矩，在转子旋转做功过程中，把冲击能量吸收掉，从而达到缓冲吸能的目的[26]。

随着转子转速的变化，转子中产生的电流和缝隙中的磁场也发生相应的变化。因此，该缓冲方法制动力矩的表达式比较复杂[26]，且力矩的精确描述比较困难。当转子转速不高时，可以认为制动力矩与转子的转速成正比，且当转速达到一定数值时，制动力矩也会达到最大值。另外，缓冲器的功率即制动力矩与转速的乘积，与转子的长度及其直径成正比，而阻尼器的体积和重量与转子直径的平方成正比，所以，在电磁阻尼器的设计过程中，为满足要求的缓冲力矩，增大阻尼器的轴向尺寸比增大径向尺寸更有利于控制阻尼器重量的增加。

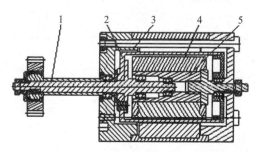

图 2-29　电磁阻尼器示意图

1—输出轴；2—转子；3—外磁铁；4—内磁铁；5—辅助支架

电磁阻尼法具有以下特点：

1）阻尼力矩与冲击速度成正比。这种特性有可能导致开始着陆的瞬时冲击响应过大。

2）可以把冲击能量转化为电能进行储存。这可以给着陆后相关探测设备工作时使用。

3）可以多次使用。电磁阻尼器正常工作过程中不会产生永久变形或损伤，可以反复使用。

4）系统的组成比较复杂。缓冲运动往往为直线运动，要充分发挥电磁阻尼的作用，一般需要附加一套传动装置，把直线运动转变为旋转运动，因此，系统的组成比较复杂。

5）质量较大。由于系统的组成复杂，同时需要相应的磁铁，因此，与永久变形法相比，该方法在工程实施中所需的质量一般较大。

6）适于较大行程的缓冲。电磁阻尼器与附加的传动装置联合使用，可以把直线运动转变为旋转运动，因此，即使冲击作用的行程较长，也可以方便地进行缓冲。

苏联的 АПАС 对接机构上采用了这种缓冲方法[26]。欧空局小行星附着计划也设想了类似方法[27]。

2.7.3　磁流变液法

磁流变液的流变性能在外部磁场的作用下能发生显著且可逆的变化，可以从正常的液态变化到半固态，其黏度也随着磁场强度的变化而变化，从而实现磁流变液阻尼力的半主动控制。

磁流变液是由磁性颗粒和不导磁的母液组成的二相悬浮体系。磁性颗粒是磁流变液获得磁流变效应的主要成分，目前，磁性颗粒使用最多的是羰基铁颗粒。母液多为性能较稳定，不导电、不导磁、高沸点的有机液体。目前，较为常用的母液是硅油，它具有良好的热稳定性和抗磁场击穿性。为了防止和减少磁性颗粒的凝聚、沉淀等现象，通常需要加入一定的稳定剂。

图 2-30 为一种磁流变液阻尼器的组成示意图。其内部由一个储压室和一个被活塞分开的储液室组成，储压室内可以为高压氮气，在活塞上下运动以及热胀、冷缩时，避免储液室内产生局部真空。在活塞上下运动时，活塞上的节流孔起到阻尼作用，通过外部的控制信号，给活塞中的线圈施加控制电流，在节流孔周围产生磁场，从而使阻尼力可控。

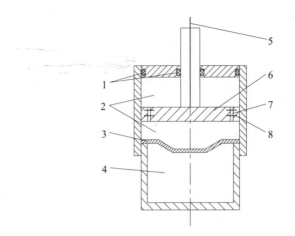

图 2-30　磁流变液阻尼器工作原理示意图

1—密封圈；2—储液室；3—隔板；4—储压室；5—控制信号线；

6—活塞；7—节流孔；8—线圈

此方法具有以下特点：

1）可实现阻尼力的半主动控制。通过外加磁场的变化来改变流体状态，使其从正常的液态变化到半固态，其黏度也随之变化，从而实现调节磁流变液阻尼力的目的。

2）与被动的气液阻尼器相比，可靠性高。即使在外加磁场失效时，也可以像无源气液阻尼器一样工作，而不会导致系统完全失效。另外也可以多次使用。

3）阻尼力的准确设计困难。目前尚没有系统的方法指导阻尼力的精确设计，难以快速得到所需的阻尼力。

4）阻尼力不够稳定。长期处于静止状态时，磁性颗粒易于凝聚、沉淀，由此会导致阻尼力产生相应的变化。

5）阻尼器的构造比较复杂。与气液阻尼器相比需要外加磁场，因此磁流变液阻尼器构造较复杂，质量较大，实施成本较高。

6）密封性能要求较高。与气液阻尼法一样，对密封性能的要求也比较高，以避免泄漏。

但到目前为止，尽管不少学者已经开展了磁流变液法在空间环境下的应用研究工作，但该研究仍处于探索阶段。

2.7.4　摩擦阻尼法

摩擦阻尼法，也称为摩擦制动法，是一种典型的缓冲方法，它依靠摩擦阻尼消耗、吸收冲击能量。摩擦阻尼法一般也是与传动装置联合使用，为了减小制动力矩，从而减小缓冲器的结构尺寸和重量，通常将摩擦阻尼器安装在机构的高速轴上。

摩擦阻尼法又可以分为多种，最常用的为盘式制动法，它是利用轴向压力使圆盘或圆锥形摩擦表面压紧，实现缓冲或制动。盘式制动法的构造原理见图 2-31。

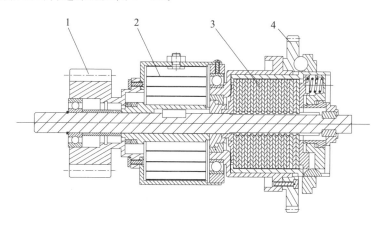

图 2-31　盘式制动法的构造原理

1—输入齿轮；2—涡卷弹簧；3—摩擦片组；4—输出齿轮

在苏联的 АПАС 对接机构上，就采用了这种缓冲方法来缓冲纵向冲击载荷[26]，当两个航天器对接时，撞击运动通过输入齿轮传递到连接涡卷弹簧的转轴上，涡卷弹簧发生扭转变形，产生的力矩传到摩擦片组，当这个力矩小于摩擦片组的额定力矩时，摩擦片不动，即该阻尼器不工作。当这个力矩大于摩擦片组的额定力矩时，内外摩擦片之间发生相对转动，从而通过摩擦消耗冲击能量，达到缓冲的目的。

该方法具有以下特点：

1）可以多次使用。采用摩擦的形式吸收能量，一般可以多次使用。

2）阻尼器的构造比较复杂。缓冲运动往往为直线运动，要充分发挥摩擦阻尼的作用，一般需要附加传动装置把直线运动转变为旋转运动，因此，阻尼器的构造比较复杂。

3）质量较大。由于结构复杂，因此，与永久变形法相比，该方法在工程实施中的质量一般较大。

4）适于较大行程的缓冲。摩擦阻尼器与相应的传动装置结合，可以把直线运动转变为旋转运动，因此，即使冲击作用的行程较长，也可以方便地实现缓冲。

2.7.5　局部结构变形法

局部结构变形法是一种常见的缓冲方法，该方法常与相应的着陆缓冲机构组合使用，作为特殊工况下着陆时缓冲能力的补充。美国的"勘察者"号月球探测器就在底部安放了相应的铝蜂窝结构，作为着陆缓冲机构缓冲能力的补充[28]。我国的"神舟"号飞船返回舱的球形金属底壳及其上的泡沫铝，在着陆时也可以发生相应的局部塑性变形，吸收一定冲击能量，减轻航天员座椅缓冲机构的缓冲压力，如图 2-32 所示。

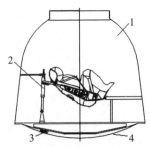

图 2-32　"神舟"号飞船的返回舱球形金属底

1—返回舱；2—座椅缓冲装置；3—泡沫铝；4—球形金属底壳

图 2-33 所示也是一种通过结构的局部变形实现缓冲的装置，称为多层球形缓冲器。这种缓冲器在缓冲完成后可自动展开，释放出有效载荷。该装置包括：外缓冲层、内缓冲层、刚性支撑层、悬挂支架、约束弹簧、释放装置等。外缓冲层、内缓冲层由多瓣球形环组成，用可变形缓冲材料加工而成，外缓冲层的变形缓冲力较小，内缓冲层的变形缓冲力较大。刚性支撑层由两个半球壳组成，两个半球壳之间通过压紧释放装置连接为一个整体，在缓冲过程中刚性支撑层不发生变形。悬挂支架以及多个约束弹簧与刚性支撑层连为一个整体，被缓冲的有效载荷与悬挂支架连接，多个约束弹簧对悬挂支架进行约束。当有效载荷着陆时，由平行于着陆面的速度引起的冲击，主要通过球形缓冲器的滚动摩擦缓冲，由垂直于着陆面的速度引起的冲击，首先由外缓冲层变形缓冲，当外缓冲层的缓冲能力全部发挥后，剩余的冲击能量可由内缓冲层进一步变形吸收，同时，约束弹簧通过对悬挂支架的约束，也起到一定的缓冲作用，进而保证有效载荷的安全。缓冲结束后，压紧释放装置工作，刚性支撑层的两个半球壳分开，使有效载荷暴露出来，便于有效载荷着陆后开展相关探测工作。

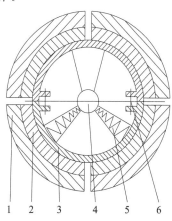

图 2-33　多层球形缓冲器

1—外缓冲层；2—内缓冲层；3—刚性支撑层；4—悬挂支架；5—约束弹簧；6—释放装置

2.8　缓冲方法的综合评价

为了正确选择缓冲方法，在充分了解每种缓冲方法特点的基础上，还需要从多个方面进行定量比较，以便合理判断缓冲方法的优劣。

假设缓冲过程中需要吸收、耗散的总能量为 W_T，那么 W_T 可用下式表示

$$W_T = \int_0^s F(s)\mathrm{d}s \qquad (2-9)$$

式中　s ——缓冲变形的行程或距离；

　　　$F(s)$ ——变形距离为 s 时，对应的缓冲力。

对于某一缓冲方法而言，假设所有参与缓冲工作的组件的体积为 V。对于铝蜂窝压溃变形缓冲方法而言，这些组件包括铝蜂窝材料、相应的导向装置以及内、外筒等。该方法单位体积可吸收的能量 W_V 为[29]

$$W_V = \frac{W_T}{V} = \frac{\int_0^s F(s)\mathrm{d}s}{V} \qquad (2-10)$$

式中　W_V ——体积吸能比。

对于某一缓冲方法而言，假设所有参与缓冲工作的组件的质量为 m，那么该方法单位质量可吸收的能量 W_m 为[29]

$$W_m = \frac{W_T}{m} = \frac{\int_0^s F(s)\mathrm{d}s}{m} \qquad (2-11)$$

式中　W_m ——质量吸能比。

体积吸能比 W_V、质量吸能比 W_m 是衡量不同缓冲方法缓冲能力的有效指标。这两个值越大，意味着吸收相同的能量所需的体积和质量越小，吸能的效率越高。值得注意的是，体积吸能比 W_V、质量吸能比 W_m 越大，往往意味着缓冲过程中的缓冲力峰值可能越大，从而导致缓冲时的冲击响应越大，因此并不是吸能比越大越好。还需要结合其他参数对缓冲方法进一步评价。

缓冲过程中的缓冲力峰值载荷 F_L 是一个非常重要的参数，一般对其有明确的要求，即峰值载荷 F_L 要小于许用峰值载荷 $[F_L]$。为了确保这一条件得到满足，除了对这一数值进行要求外，有时还对缓冲过程中缓冲力的波动情况提出明确要求。

假设缓冲过程中的平均缓冲力为 F_a，那么，F_a 可用下式表示

$$F_a = \frac{1}{s} \int_0^s F(s) \, \mathrm{d}s \qquad (2-12)$$

s 的意义同上。

为了表示载荷的波动情况，定义载荷波动系数 Δ 如下[29]

$$\Delta = \frac{F_L}{F_a} = \frac{F_L}{\dfrac{1}{s} \displaystyle\int_0^s F(s) \, \mathrm{d}s} \qquad (2-13)$$

显然，对于某种缓冲方法，Δ 值越接近于 1，意味缓冲过程中缓冲力越平稳，越有利于保证有效载荷的安全。

对于理想的缓冲方法，其缓冲力—位移曲线与坐标轴所围成的面积为矩形。事实上由于缓冲力波动的存在，实际的缓冲力—位移曲线所围成的面积总是与理想的矩形有一定的偏差。由式（2-13）可知，Δ 值越接近于 1，实际的缓冲力—位移曲线与坐标轴所围成的面积越接近矩形。

缓冲力的稳定性是衡量缓冲方法优劣的最重要的指标之一，在选择缓冲方法时，需要对其缓冲力的稳定性进行全面的分析与比较。对于同规格的缓冲材料，可从以下几个方面比较缓冲力的平稳性：

1）在相同的缓冲条件下，不同批次缓冲材料的最大缓冲力的差值，或最小缓冲力的差值，即 $F_{\max}^1 - F_{\max}^2$ 或 $F_{\min}^1 - F_{\min}^2$。其中，$F_{\max}^1$ 为某批次缓冲材料最大缓冲力的极大值，$F_{\max}^2$ 为某批次缓冲材料最大缓冲力的极小值；$F_{\min}^1$ 为某批次缓冲材料最小缓冲力的极大值，$F_{\min}^2$ 为某批次缓冲材料最小缓冲力的极小值。上述两个差值越小意味着缓冲力越平稳。

2）同批次的缓冲材料，在预期的最高及最低工作温度 t_1、t_2 下的最大缓冲力的差值，或最小缓冲力的差值，即 $F_{\max}^{t_1} - F_{\max}^{t_2}$ 或 $F_{\min}^{t_1} -$

$F^{t_2}_{\min}$。其中，$F^{t_1}_{\max}$ 为该批次缓冲材料在预期的最高工作温度下的最大缓冲力，$F^{t_2}_{\max}$ 为缓冲材料在预期的最低工作温度下的最大缓冲力；$F^{t_1}_{\min}$ 为该批次缓冲材料在预期的最高工作温度下的最小缓冲力，$F^{t_2}_{\min}$ 为缓冲材料在预期的最低工作温度下的最小缓冲力。上述两个差值的绝对值越小意味着缓冲力越平稳。

3）同批次的缓冲材料，在预期的最高及最低冲击速度下的最大缓冲力的差值，或最小缓冲力的差值，即 $F^{v_1}_{\max} - F^{v_2}_{\max}$ 或 $F^{v_1}_{\min} - F^{v_2}_{\min}$。其中，$F^{v_1}_{\max}$ 为该批次缓冲材料在预期的最高冲击速度下的最大缓冲力，$F^{v_2}_{\max}$ 为缓冲材料在预期的最低冲击速度下的最大缓冲力；$F^{v_1}_{\min}$ 为该批次缓冲材料在预期的最高冲击速度下的最小缓冲力，$F^{v_2}_{\min}$ 为缓冲材料在预期的最低冲击速度下的最小缓冲力。上述两个差值的绝对值越小意味着缓冲力越平稳。

2.9　缓冲方法的选取与组合

缓冲方法的合理选择对于着陆缓冲机构的正确设计具有极其重要的作用。虽然缓冲方法多种多样，但是在着陆缓冲机构设计初期，选择一种合适的缓冲方法仍然不是一件简单的事情，需要系统考虑以下多方面的影响因素。

1）航天器飞行过程所经历的环境，包括温度、真空等，特别是当温度变化范围较大时，几乎对所有的缓冲方法都会产生一定的影响，如对密封的影响、对金属材料屈服强度的影响、对铝蜂窝芯格之间胶接情况的影响等。因此，要针对缓冲方法的特点，以及这些因素的具体影响程度进行全面分析，在此基础上初步选择 3～4 种缓冲方法。当由于环境条件的影响，而使许多方法都不能直接满足要求时，就要采取相应的辅助控制措施，来改变局部环境条件。这种情况下要优先选择辅助措施代价较小的缓冲方法。

2）航天器的着陆条件及冲击响应要求。当质量为 m 的航天器以速度 v 着陆时，如果要求的最大冲击响应加速度值为 a，那么这些因素既决定了所需缓冲的总能量（$E = \frac{1}{2}mv^2$），又决定了缓冲的动量大小（$M = mv$），以及所允许的最大缓冲力（$F = ma$）等设计参数。统筹考虑运载包络、着陆缓冲机构质量等限制条件以及不同缓冲方法所需的径向尺寸以及质量大小等因素，而后对缓冲方法进行进一步筛选。

3）着陆目标星体表面特点。包括表层土壤的承载特性、摩擦特性以及着陆面的平缓性等，这些因素涉及着陆过程中目标星体的表面能否吸收一定的能量，是否会导致着陆过程中航天器过度下陷，是否会导致冲击能量集中在某一着陆缓冲机构上。在缓冲方法确定时，要对上述因素进行深入分析，确定某些能量是否可以从总的缓冲能量中减除，或者是否会由于下陷而使势能转化为动能，进而导致总的缓冲能量的增加。尽可能准确地判断着陆缓冲机构实际所需缓冲的总能量。

4）不同缓冲方法的有效组合。当单一方法无法满足上述要求时，就要考虑对不同缓冲方法进行有效组合，如铝蜂窝压溃变形法与金属杆拉伸变形法相结合来缓冲可能出现的拉、压缓冲情况，如图 2 - 34 所示。另外，当在限定的径向尺寸下铝蜂窝缓冲力无法满足要求时，可以把铝蜂窝压溃变形法与薄壁金属管压溃变形法相结合，即在铝蜂窝的外侧再套上一个薄壁金属管，有时还可以根据需

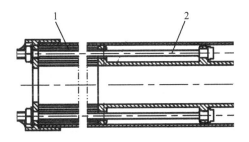

图 2 - 34　铝蜂窝压溃与金属杆拉伸变形法的结合

1—铝蜂窝；2—金属杆

要进行多层嵌套，如图 2 - 35 所示。这样既可以通过薄壁金属管的压溃显著增大缓冲力，又可以利用铝蜂窝的压溃在一定程度上保证缓冲力的稳定性，以充分发挥相应缓冲方法的优势。

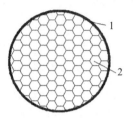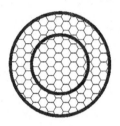

　　（a）单层嵌套　　　　　　（b）双层嵌套

图 2 - 35　铝蜂窝与薄壁金属管压溃变形法的结合

1—薄壁金属管；2—铝蜂窝

2.10　缓冲力特性验证

从 2.2 节至 2.7 节可以看出，很多缓冲方法的缓冲力的准确计算都是比较困难的，因此，在实际工程研制过程中，需要通过相应的试验验证缓冲力特性，并确定缓冲力的精确数值。考虑到许多缓冲方法中材料的变形特性多为塑性变形，验证试验往往为破坏性试验，难以对所关注对象的缓冲力进行直接测量或验证，因此，常采用抽样检查的方式确定缓冲力的大小。即在一批相同的缓冲材料中，抽取一定数量的试件进行破坏性检验。

抽样方法确定。在进行抽样检查时，首先要确定抽样方法。确定抽样方法时要充分考虑样本来源的一致性、典型性、代表性，以及样本数量的充足性。另外，考虑到空间应用的特殊性，可以抽取性能处于边界的试件，来进一步考核该条件下的缓冲力裕度。

静态试验验证。静态试验是验证缓冲力是否满足要求的最简单的方法，它一般在静力拉伸试验机上完成，试验的主要目的是考核缓冲力的大小以及变形过程中缓冲力的稳定性等是否满足要求。对

于压缩类的试验，如铝蜂窝压缩试验等，一般要使用相应的工装，
如图 2 - 36（a）所示，以模拟真实使用时的约束情况，防止试验过
程中铝蜂窝出现不规则压溃情况，如图 2 - 36（b）所示。静态试验
具有试验成本低、试验条件一致性易于控制等特点，而且试验结果
具有一定的代表性，因此，一般首先通过静态试验对缓冲力进行验
证。为了避免因加载方式不同而带来的试验误差，一般采用相同的
加载速度、加载工装对试件进行试验。

 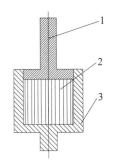

（a）静态试验情况   （b）静态试验工装

图 2 - 36 铝蜂窝静态压缩试验及其工装

1—活塞杆；2—铝蜂窝材料；3—支撑筒

冲击试验验证。冲击试验一般在专用的冲击试验台上进行，如
图 2 - 37 所示。试验的主要目的是考核缓冲方法在预期冲击速度下
的缓冲特性，包括缓冲力大小以及缓冲变形过程中缓冲力的稳定性
等是否满足要求。它一般模拟真实的着陆速度和相应的约束边界，
是较为真实的验证试验。但该试验的成本高，试验条件的一致性控
制相对困难，试验数据准确测量的难度也较静力试验大，因此与静
态试验验证相比该试验的误差一般也较大。冲击试验中缓冲力的测
量一般通过两种方式实现：第一，在试件的底部放置测力装置，直
接获得冲击力大小；第二，在冲击质量块上安装加速度传感器，通
过加速度和质量的乘积得到缓冲力的大小。

图 2 - 37 冲击试验验证

特殊环境试验验证。针对特殊的环境影响，如高、低温环境的影响，有时还要把试件放入相应的温度环境试验箱中加热或冷却，在多个温度点或经历相应的温度循环后再回到相应的温度点处进行静态压缩、冲击试验。一般情况下，金属塑性变形法的缓冲力随温度降低而升高，随温度升高而降低。该试验也是一项十分重要的试验。

参 考 文 献

［1］ 程和法，黄笑梅，许玲．泡沫铝的动态压缩性能和吸能性研究［J］．兵器材料科学与工程，2003，26（5）．

［2］ 臧晓云，何德平．一致性控制孔隙率泡沫铝在载人航天中的应用［C］．中国宇航学会飞行器总体专业委员会2004年学术研讨会，2005.

［3］ 朱汪，曾福明，满剑锋，等．月球着陆器足垫设计与试验研究［C］．中国宇航学会飞行器总体专业委员会第11届学术研讨会，2010.

［4］ 杨建中，曾福明，满剑锋．铝蜂窝材料缓冲特性研究［C］．中国航空学会第十二届安全救生学术交流会，2008.

［5］ В. И. БАЖЕНОВ М. И. ОСИН. Посадка космических аппаратов на планеты［M］．Москва，Машиностроение，1978.

［6］ 杨建中，满剑锋，曾福明，等．一种着陆探测器铝蜂窝变形缓冲器［P］．中国专利：ZL 201120551968. 5.

［7］ WILLIAM F. ROGERS. Apollo Experience Report‐Lunar Landing Gear Subsystem［R］．NASA Technical Note，TN D‐6805.

［8］ NEIL A. HOLMBERG，Robert P. FAUST，H. MILTON HOLT et al. Viking'75 Spacecraft Design and Test Summary Volume I‐Lander Design［R］．NASA Reference Publication 1027，November 1980.

［9］ 杨建中，曾福明，满剑锋，等．嫦娥三号着陆器着陆缓冲系统设计与验证［J］．中国科学：技术科学，2014，44（5）．

［10］ 余同希，卢国兴著，华云龙译．材料与结构的能量吸收：耐撞性·包装·安全防护［M］．北京：化学工业出版社，2006.

［11］ 杨建中，曾福明，满剑锋，等，一种着陆探测器软着陆机构薄壁金属管变形缓冲器［P］，中国专利：ZL200710083996.7.

［12］ 杨建中，满剑锋，曾福明，等．用于航天器的平面四杆机构［P］．中国专利：ZL200610120163.9.

［13］ 杨建中，娄汉文，曾福明，等．一种航天用特殊四杆机构［C］．空间飞行器总体技术学术交流会，2000.

[14] 许文斌，葛培琪，等．薄壁管压入扩径成形力的计算 [J]．锻压技术，1996.

[15] 杨建中，曾福明，满剑锋，等．一种用于航天器的仪器设备或人员着陆的缓冲装置 [P]．中国专利：ZL200610120270.1.

[16] 杨建中，满剑锋，曾福明，等．"神舟"号飞船航天员座椅缓冲装置缓冲特性研究 [C]．中国宇航学会首届年会，2005.

[17] 罗云华．翻转管吸能特性及翻管成形工艺的研究 [J]．锻压机械，2000 (5).

[18] 杨建中，曾福明，满剑锋，等．拉刀式与薄壁金属管式座椅缓冲器方案特点研究 [C]．中国宇航学会飞行器总体专业委员会 2004 年学术交流会，2004.

[19] WANG DAN, WANG KUN, LUO MIN et al. Microstructure evolution and strain hardening behavior during plastic deformation ofdirectionally solidified twinning – induced plasticity steel [J]．J Mater Design，2014.

[20] DUAN XIANFENG, WANG DAN, WANG KUN et al. Twinning behaviour of TWIP steel studied by Taylor factor analysist [J]．Phylosophical Magzine Letters，93 (5)，2013.

[21] 杨建中，满剑锋，曾福明，等．一种着陆探测器软着陆机构缓冲器 [P]．中国专利：ZL200710080670.9.

[22] 曾福明，杨建中，满剑锋，等．一种探测器着陆缓冲机构 [P]．中国专利：ZL200910122468.7.

[23] 张景新，邱光荣．环氧树脂基直升机复合材料抗坠毁性能试验研究 [C]．第二十二届全国直升机年会，2006.

[24] 刘瑞同，林建平，王鑫伟．复合材料对称元件的缓冲吸能性能研究 [J]．热固性树脂，2004，19 (3).

[25] F. B. SPERLING. The Surveyor Shock Absorber [C]．The Aerospace Mechanisms Symposium，1970.

[26] 娄汉文，曲广吉，刘济生．空间对接机构 [M]．北京：航空工业出版社，1992.

[27] S. ULAMEC, B. FEUERBACHER, D. MOURA et al. Rosetta Lander：A Laboratory on the Surface of Comet Wirtanen [C]．The 51th International Astronautical Congress，2000.

［28］ R. J. PARKS. Surveyor 1 mission report. Part 1 – Mission description and per-formance ［R］. NASA Technical Report，JPL – TR – 32 – 1023 – PT – 1.

［29］ 刘荣强，罗昌杰，王闯，等. 腿式着陆器用缓冲器缓冲性能及其评价方法研究 ［J］. 宇航学报，2009，30（3）.

第 3 章　设计方法与制造过程

3.1　概述

　　航天器在目标星体表面着陆时，一般是在瞬间内由运动变为静止。为了防止在此过程中由于冲击过大而导致航天器及其上仪器设备的损坏或人员的伤害，需要采用相应的着陆缓冲装置来吸收冲击能量，以便把冲击载荷控制在要求的范围内，保证航天器的安全着陆。

　　着陆缓冲机构是一种常见的着陆缓冲装置，习惯上又称其为"着陆腿"，它一般由多套产品成组使用。采用着陆缓冲机构实现着陆时的缓冲，可以较好地控制着陆后的姿态，且通过其中缓冲器的合理设计，可以有效避免着陆过程中的反弹。另外，通过多套着陆缓冲机构的支撑，可以构成一个发射平台，它特别适合着陆探测任务完成后，需要携带样品或人员再次返回地球的探测任务。图 3-1 所示为美国"阿波罗"号载人登月舱的着陆缓冲机构[1]，四套着陆缓冲机构位于着陆器的下端，通过填充于其中的缓冲材料的变形吸收着陆时的冲击能量。美国"勘察者"号月球探测器[2]、"海盗"号火星探测器[3]、"凤凰"号火星探测器和苏联后期的"月球"号月球探测器[4]、我国的嫦娥三号月球探测器[5]等都采用了着陆缓冲机构实现着陆时的冲击缓冲。

　　航天员座椅缓冲机构也是一种典型的着陆缓冲机构，用来缓冲航天员着陆时受到的冲击，如第 1 章图 1-4 所示。它一般只能缓冲一个方向即航天员胸背向的冲击，其他方向的冲击需要依靠赋形垫等装置来缓冲。俄罗斯"联盟"号系列飞船以及我国"神舟"号飞船均采用了类似方法缓冲返回舱着陆瞬时航天员可能受到的冲击[6]。

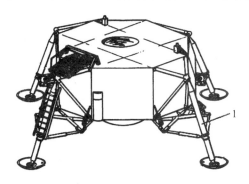

图 3-1　着陆缓冲机构示意图

1—着陆缓冲机构

要保证航天器安全着陆，必须保证着陆缓冲机构的性能可靠，因此确定合理可行的着陆缓冲机构的设计方案至关重要。由于探测器飞行过程中经历的环境复杂，涉及的环境因素多，因此与一般航天器机构相比，着陆缓冲机构设计时需要考虑的因素更多，所涉及的学科更多，设计过程更复杂，设计难度也更大。需要针对着陆缓冲的要求，充分考虑能量吸收的可靠性、着陆过程中最大响应的有效控制以及不同表面条件下的稳定着陆要求，力争以较小的重量等代价，实现安全着陆的目标。

着陆缓冲机构制造，也是着陆缓冲机研究的重要内容。该过程不仅直接影响产品的研制成本、进度、周期等，而且还直接影响产品的可靠性。与一般航天器机构制造的过程相似[7]，着陆缓冲机构的制造过程也可以分为以下几个阶段，即审阅设计图纸，了解产品结构特点；熟悉技术要求，把握产品性能特点；调查生产条件，制定工艺规程；组织工艺实施，记录实施过程；完成装配调试，交付用户使用等。与一般航天器机构相比，着陆缓冲机构具有显著的特点，如零件的结构和形状复杂，薄壁零件较多，关节的类别较多，经历的环境复杂等，从而导致加工及零件存放过程中所需的专用工装多，装配过程中的控制、调试环节多，同时还需要特殊的热防护结构，因此，着陆缓冲机构加工、装配过程的有效控制更为重要。

　　着陆缓冲机构的设计、制造是一个长期的过程。在实际工程研制过程中，往往需要根据试验或应用中出现的问题、材料及工艺的进步等情况，对设计、加工工艺进行持续的改进或完善，并针对改进或完善的内容进行再次验证。

　　本章对着陆缓冲机构设计中需要注意的基本问题、应考虑的基本因素、具体设计方法与设计过程及部件结构的典型形式进行介绍，并对着陆缓冲机构制造过程中关键环节的控制措施进行简单介绍。

3.2　设计应注意的基本问题

　　在着陆缓冲机构设计时，应注意以下基本问题：

　　1）设计的可靠性。设计决定了产品的可靠性，一个良好的机构设计方案，要能够以较小的代价满足可靠性要求，例如通过适当增加展开驱动力的裕度，保证可靠展开；采取稳定的缓冲方法，保证可靠缓冲；采取双电起爆器，保证火工装置的可靠起爆等。

　　2）技术的继承性。在着陆缓冲机构方案设计时，要充分继承已有的成熟技术，对已有的同类别的零部件结构形式也要尽可能地继承，以降低研制风险。例如对于压紧释放与展开锁定技术、润滑技术的继承，锁定部件与压紧部件结构形式的继承等。技术的继承性不仅体现在产品的设计之中，而且还体现在产品研制的全过程。

　　3）产品的简单性。产品的简单性体现在：组成机构的零部件数量少，或组成机构的零部件类别少，或组成机构的零部件结构简单等。一般而言，产品越简单，生产及验证的成本就越低，出现故障的环节就越少，机构的可靠性越易于保证。

　　4）环境的特殊性。与一般航天器机构相比，着陆缓冲机构所经历的环境往往比较复杂，在着陆缓冲机构设计时，需要充分考虑特殊环境对机构性能可能造成的影响，以及在着陆缓冲机构展开、缓冲过程中可能对周围仪器设备产生的影响，并采取相应的措施加以控制。

5）功能要求的统一性。着陆缓冲机构是一种典型的多功能机构，在设计时要对这些功能要求统筹兼顾，全面考虑，不能顾此失彼。特别是当不同功能要求之间出现矛盾时更要特别注意，如重量与刚度之间的矛盾，压紧与释放之间的矛盾，可靠展开与锁定冲击之间的矛盾，缓冲裕度与着陆缓冲时结构响应之间的矛盾等。

6）加工装配的工艺性。加工装配的工艺性不仅直接影响机构研制的经济性及研制进度，而且还直接影响机构性能的稳定性及可靠性。一般而言，工艺性越好，机构的性能就越稳定，可靠性也就越易于保证。

7）验证方法的简便性。由于着陆缓冲机构工作环境的特殊性，在地面对其性能进行全面的模拟验证往往是非常困难的。如何抓住验证的主要目的，简化验证方案，是地面试验中必须充分考虑的问题。验证方法越简便，验证的成本就越低，验证结果的影响因素就越少，验证结果也就越可靠。

8）安装操作的方便性。安装操作是影响着陆缓冲机构性能正常发挥的一个重要环节，如果安装操作不当，那么可能会引起着陆缓冲机构变形、运动副卡死等现象。安装操作越方便，安装对机构性能产生影响的可能性就越小，着陆缓冲机构的性能就越易于保证。

3.3　技术要求及任务分析

3.3.1　技术要求分析

在着陆缓冲机构设计前，总体技术人员会对其提出详细的技术要求。机构设计师需要对这些技术要求进行逐条分析，而后才能开始设计。这些技术要求一般包括：

着陆器的质量特性。包括质量大小、质心位置和绕三个坐标轴的转动惯量，这是分析、确定着陆缓冲机构缓冲能力和着陆稳定性的前提条件。

着陆速度。着陆速度一般在与着陆目标星体固连的坐标系中给出，包括竖直着陆速度、水平着陆速度，该条件和着陆器的质量基本决定了所需的缓冲能力，并与着陆稳定性有一定的关系。

着陆姿态和绕三个坐标轴的角速度。该条件一般也是在与着陆目标星体固连的坐标系中提出，它与着陆稳定性和着陆缓冲机构的缓冲能力有一定的关系。

着陆面情况。包括着陆面的坡度、凸起高度或凹坑深度及其分布规律、着陆面的机械特性等，该要求与着陆稳定性密切相关，并与着陆缓冲机构的缓冲能力有一定的关系。

运载最大包络。包括径向包络和轴向包络，后者一般是相对着陆器某一基准面提出。该要求与着陆缓冲机构在发射时是否需要收拢密切相关。

质量（重量）、刚度、强度要求。质量（重量）指着陆缓冲机构所允许的最大质量（重量）。质量（重量）、刚度与强度要求是着陆缓冲机构设计时需要重点解决的问题之一，在满足质量（重量）、刚度与强度要求的前提下，要进一步满足稳定着陆的要求。

展开锁定要求。当着陆缓冲机构需要在轨展开时，还会提出此项要求。一般包括展开驱动力的裕度、展开时间、展开过程中的最大冲击等。该条件往往决定了采用何种方法实现收拢压紧和展开锁定。

缓冲特性要求。缓冲特性要求是核心要求，包括特征点处的最大冲击响应及其作用时间，着陆稳定性要求及着陆后姿态变化等，有时还会限定缓冲的行程和缓冲方法。

寿命与可靠性要求。寿命要求一般包括存储寿命和工作寿命两个方面，可靠性要求一般是提出一定置信度下的不同任务剖面（或工作阶段）的可靠度。

接口要求。包括机械接口、热接口（热环境）、电接口要求等。这些要求一般决定了着陆缓冲机构总装方式和总装时机、热防护的基本措施、采用的主要制造材料及元器件类型等。

试验和验证要求。有时还规定地面所需进行的试验类别、试验条件和试验的基本方法等，以确保着陆缓冲机构的各项性能得到充分验证，且满足技术要求。

3.3.2　任务分析

在发射阶段，着陆缓冲机构往往处于收拢压紧状态，以便使其最大外形尺寸满足运载火箭的包络要求，同时，能够更好地承受发射阶段的动载荷。该阶段要保证收拢状态下着陆缓冲机构各个方向的基频满足要求，以避免与整个探测器的基频耦合。当探测器与火箭分离，且进入预定轨道后，压紧释放装置解锁，着陆缓冲机构展开锁定，从而为着陆缓冲作好准备。在探测器奔向目标星体阶段，着陆缓冲机构所有部件要承受高真空以及高、低温环境。进入目标星体的轨道，且在着陆器下降过程中，着陆缓冲机构有时还要承受制动发动机的高温羽流的作用。当着陆器在目标星体表面软着陆时，着陆缓冲机构通过主缓冲器和辅助缓冲器的作用，有效缓冲竖直和水平两个方向的冲击载荷。着陆后着陆缓冲机构还要承受目标星体表面的高、低温以及辐照、尘埃等环境条件。由于着陆时的水平速度和着陆面坡度等因素的影响，着陆器在着陆过程中可能翻倒，为了提高着陆稳定性，要求着陆器的质心高度与着陆缓冲机构的跨距（足垫中心所在圆的直径）之比尽可能地小。有时为了便于巡视器顺利转移到着陆表面，着陆缓冲机构还要保证巡视器距离着陆面的高度尽量低，着陆器相对着陆面的倾斜角度尽量小；为防止发动机喷管与着陆面碰撞，着陆后喷管端面与着陆面之间需要预留一定的安全距离。为了避免在着陆面承载力较弱时着陆器过度下陷，同时便于着陆过程中的滑移，需要足垫具有较大的支撑面积。为了准确提供着陆信号，着陆缓冲机构上要设置相应的触发开关，在着陆缓冲机构与着陆面接触的瞬时，给出相应的着陆信号。

3.4　功能及组成分析

3.4.1　着陆缓冲机构功能分析

在着陆缓冲机构设计时，首先需要对其功能要求进行全面、系统、深入、细致的分析，以准确把握功能需求，避免功能遗漏。

一般情况下，着陆缓冲机构要具备以下功能：

1）可以收拢、压紧及展开、锁定。为了满足运载火箭包络体积的限制要求，发射时着陆缓冲机构往往处于收拢压紧状态。飞行到预定轨道后，释放展开并锁定，以获得较大的支撑面积，更好地保证着陆时的稳定性。

2）有效缓冲着陆时的冲击载荷。这是着陆缓冲机构的核心功能。着陆器着陆前一般具有上万焦耳甚至数万焦耳的动能，这些能量要在着陆缓冲机构与着陆表面撞击的瞬间吸收掉，并把着陆器受到的最大冲击载荷控制在要求的范围内，保证着陆器及其上的人员、仪器设备安全着陆。

3）能够承受相应的空间环境。在着陆器飞往目标星体的途中以及被目标星体捕获后的降落过程中，一般都要经历高低温交变、高真空以及目标星体表面大气层的气动加热或者因制动发动机工作而导致的热环境。要求着陆缓冲机构在相应热控措施的辅助下，能够承受上述环境的影响。

4）保证着陆过程中的稳定性。一般情况下，着陆器着陆时除了竖直向下的速度外，还有水平速度，同时，着陆区的地形地貌也很复杂，包括坡度的大小，凹坑、凸起的大小及其分布规律等，在上述复杂条件下，着陆缓冲机构要能够保证着陆过程的稳定性，防止着陆器翻倒，以确保着陆后各项探测工作能够顺利开展。

5）提供长期有效的支撑。着陆器着陆后，着陆缓冲机构要能够提供长期有效的支撑，以满足着陆器上有效载荷的工作需要。另外，有时着陆缓冲机构还要作为取样返回或载人返回时的发射支架，保证返回起飞时的相关姿态要求。

6）其他功能要求。有些情况下对着陆缓冲机构还有其他功能要求，如在着陆瞬时给出相应的触发信号，以便准确判断是否安全着陆。

3.4.2　着陆缓冲机构组成分析

为了满足上述功能需求，每套着陆缓冲机构一般都包括多种功能组件。第 1 章图 1-1 所示为美国"阿波罗"号载人登月舱的一套着陆缓冲机构[1]，它包括以下组件：

主缓冲器。它是主要的吸能和支撑部件，主要用于缓冲着陆时的纵向冲击载荷，并在月面承受着陆器的重力作用。

辅助缓冲器。它是辅助的吸能和支撑部件，主要用于缓冲着陆时的横向冲击载荷，并在月面辅助主缓冲器承受着陆器的重力作用。

足垫。它是主要的支撑部件，主要用于防止着陆过程中由于冲击载荷过大而导致着陆器的过度下陷。同时，在水平速度较大，且着陆区地面形貌允许的情况下，有效保证着陆器的滑移。如在滑移过程中遇到刚性障碍，可以通过足垫周边的塑性变形吸收部分冲击能量。

压紧释放组件。用于实现着陆缓冲机构的压紧和释放。发射时保证着陆缓冲机构的外形尺寸满足运载的包络要求。到达预定轨道后释放，为展开锁定创造条件。

展开锁定组件。用于实现释放后的展开锁定，保证着陆器以较大的支撑面积实现着陆，提高着陆时的稳定性，同时为缓冲能力的充分发挥创造条件。

触月探针。在触月探针接触月面的瞬时给出相应的触发信号，便于航天员及时关闭制动发动机或开展其他工作。

着陆缓冲机构的基本功能及组成来源于飞机的起落架。就目前来看已有着陆缓冲机构的基本功能和组成是基本相似的。

3.5　环境影响分析及对策

根据探测器发射、飞行过程中的阶段不同，可以把着陆缓冲机构经历的环境分为发射、飞行、降落、着陆及目标星体表面等环境，包括振动、辐照、真空、流星体、地形地貌、着陆面力学特性、失重（超重）、尘埃、气动力、极端温度等环境因素。目标星体不同，上述环境因素的类别和具体范围会有显著的区别。为确保稳定着陆，除了对一般空间环境的影响进行分析外，还要对着陆环境的影响进行逐项分析，并制定相应的应对策略。

（1）发射环境

发射环境是指探测器在发射过程中所要经历的环境，一般可以分为稳态加速度环境、振动环境、冲击环境等，这些环境因素主要由运载火箭及探测器的特性决定，一般难以改变，或改变的代价很大。发射环境可能导致着陆缓冲机构的连接或压紧的松动、局部变形或断裂。为应对该环境的影响，所有螺纹连接处都要涂相应的防松胶，并施加相应的拧紧力矩，同时要避免锐边、锐角的存在，以防在交变载荷作用下，出现应力集中的情况，杜绝由此导致的断裂现象的发生。

（2）辐照环境

在探测器飞往目标星体的途中及其在目标星体表面着陆后，辐照的影响都是存在的。一般而言，强辐照对非金属材料的影响比较明显，尤其是聚合物薄膜，受辐照的影响更为明显，橡胶密封圈、胶黏剂等受辐照的影响也比较大，而金属材料受紫外辐照的影响较小，但对于某些带电粒子的辐射也不能忽视。对着陆缓冲机构而言，一般没有裸露的密封圈和胶黏剂，处于最外层的热控包覆薄膜材料，寿命要求也不长，且均选用抗辐照性能较好的材料，并对其表面进行了相应的镀层处理。因此，一般而言辐照环境对着陆缓冲机构的影响不大。

（3）真空环境

真空环境往往会造成聚合物材料的升华、分解，致使采用该类材料制造的零件的性能明显下降，同时，材料的挥发物有可能对相机镜头等精密仪器造成污染。另外，在真空环境条件下，机构关节之间起润滑作用的吸附气体也会不断挥发、逃逸，致使关节的摩擦系数不断增大，从而产生干摩擦现象。在超高真空环境条件下（真空度≤10^{-6}Pa），且有一定压力作用时，会导致相接触的金属表面的原子（分子）相互渗透、粘连，致使机构关节锁死而无法运动，即产生冷焊现象。为避免真空环境下材料的升华、分解，着陆缓冲机构的零部件材料尽可能选用金属材料，如钛合金或铝合金等，对于某些部件如足垫和铝蜂窝中的胶接材料，要尽可能选用已在其他飞行任务中成功应用的材料，如 J133 等。为避免真空环境下的冷焊问题，并保证机构摩擦阻力的稳定性，对机构的各个关节应进行合理润滑，例如采用 MoS_2 干膜处理运动部件。MoS_2 润滑膜在真空环境下具备良好的润滑能力，且不需要采取密封措施，非常适用于着陆缓冲机构等工作寿命不长的机构。

（4）重力场

不同星体表面的重力场不同，它将显著影响着陆时的稳定性以及由于着陆过程中着陆器质心高度的下降而导致的着陆器势能的减少。在着陆缓冲机构设计以及地面缓冲试验时要充分考虑这一影响因素，确保试验验证全面，缓冲能力满足要求。

（5）着陆区地形地貌

着陆区地形地貌对着陆缓冲机构的设计具有重要的影响，包括着陆面的坡度大小、凹坑或凸起的尺寸及其分布情况等。过大的着陆面坡度可能会导致着陆器剧烈倾斜甚至翻倒，从而使着陆失败。另外，如果着陆时有的着陆缓冲机构落入凹坑中，或落在凸起上，同样可能对着陆稳定性造成影响，同时还可能会导致某套着陆缓冲机构所要缓冲的能量过多，因此在着陆稳定性设计、分析以及地面试验时要充分考虑这一环境因素的影响，以确保设计合理，验证充分。

（6）着陆面力学性质和尘埃环境

着陆面力学性质主要是指在不同动态冲击速度下着陆面的承载情况以及摩擦系数等，该性质不同，着陆面对足垫的支撑能力不同，着陆过程中着陆面的吸能能力也不一样。由于对着陆面性质认识的局限性，在缓冲吸能设计时常把着陆面作为刚性面考虑，从而把着陆面的吸能能力作为设计的余量。而在着陆下陷情况分析时，则以着陆面的最小承载条件作为输入，由此确定足垫的支撑面积。这种应对方法可能导致设计过于保守，进而导致着陆缓冲机构的尺寸、重量偏大，但作为初步设计，这种处理方式一般是可以接受的。以此为基础，再通过后续的着陆过程仿真分析对设计方案进行优化，从而得到科学合理的设计方案。另外，着陆前往往通过制动发动机进行减速，在着陆器接近着陆面时可能吹起尘埃，如果尘埃粘附在着陆缓冲机构关节内部，那么将对其运动性能产生显著影响，因此在机构设计中要考虑关节等部件的包覆措施，防止尘埃的影响。该措施往往与热控包覆措施一并考虑。

（7）热环境

与辐照环境相似，在探测器飞往目标星体的途中及着陆器在目标星体表面着陆后，热环境的影响都是存在的。热环境对着陆缓冲机构的影响主要取决于最高温度及其作用时间、最低温度及其作用时间以及温度变化速率和高低温循环的次数。在高温或低温作用下，许多润滑剂的性能都会下降，从而加速机构的磨损。特别是对于不同类型的橡胶材料，一般都有一个明确的使用温度范围，超过这个范围，就可能导致材料性能明显下降。在高低温交变的影响下，组成机构的某些零件会由于线膨胀系数不同，导致其热胀、冷缩的程度不一样，进而形成很大的内应力，而使某些配合的性质发生变化，甚至导致某些运动关节卡死。随着温度的变化，金属材料的强度、刚度等机械性能也会产生相应的变化，当温度变化范围很大时，金属材料强度的变化会更加显著。为了适应这样的环境，在着陆缓冲机构方案设计时，需要充分考虑其在各个任务阶段经历的热环境。

具有相对运动的配合面要尽可能采用同种金属材料，以保证在温度变化过程中，配合的性质不会产生明显变化。同时选用受温度变化影响较小的缓冲吸能方法，必要时需采取相应的热控措施，以确保缓冲性能、结构的承载能力等不会因热环境的影响而显著变化。

3.6　关键几何参数分析

3.6.1　安装布局与构型分析

为了保证着陆缓冲机构的功能要求，首先需要根据探测器的构型以及稳定性的要求，确定着陆缓冲机构的安装布局、数量及构型，其次要选则合理的缓冲方法，并设计结构合理的缓冲器，确保缓冲性能稳定、可靠。在此基础上进一步确定压紧与展开锁定方法以及各组成部分的结构形式。

为了充分发挥缓冲作用，保证着陆时的稳定性，多套着陆缓冲机构一般均布安装在着陆器的底部。以多个足垫中心为顶点的正多边形称为稳定性多边形，如图 3-2 所示。在着陆过程中，如果着陆器质心沿着陆面重力方向的投影始终落在稳定性多边形内部，那么着陆过程就是稳定的，即着陆器不会翻倒。从着陆稳定性的角度讲，在其他条件相同的前提下，如果跨距（即稳定性多边形的外接圆直径）相同，那么着陆缓冲机构数量越多，稳定性多边形的面积就越大，着陆稳定性也就越好。从图 3-2 可以看出，采用五套着陆缓冲机构时，稳定性多边形的面积最大，稳定性最好，而采用三套着陆缓冲机构时，稳定性多边形的面积最小，稳定性最差。

着陆缓冲机构的构型主要有"悬臂梁"式和"倒三角架"式两种，如第 1 章图 1-5 和 1-6 所示，通过对两种构型的着陆缓冲机构进行比较，可以得出以下结论[7]：

1）"悬臂梁"式着陆缓冲机构具有更好的着陆稳定性。因为在跨距相同、缓冲行程相同时，采用"悬臂梁"式着陆缓冲机构可以

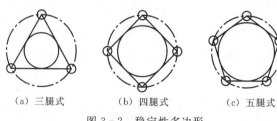

（a）三腿式　　　　（b）四腿式　　　　（c）五腿式

图 3 - 2　稳定性多边形

使着陆器的质心高度下降较少，因此，它的初始质心可以比"倒三角架"式的质心更低，所以着陆稳定性更好。

2）"悬臂梁"式着陆缓冲机构的缓冲可靠性更高。当着陆缓冲机构落到凹坑中时，"悬臂梁"式的着陆缓冲机构可以正常缓冲，而"倒三角架"式的着陆缓冲机构则难以正常缓冲，所以，前者的缓冲可靠性更高。

3）"悬臂梁"式着陆缓冲机构的组成较复杂。其加工和装配的技术难度较大，受力状态也较复杂，"倒三角架"式着陆缓冲机构的组成较简单，加工和装配的技术难度较小，受力状态也相对简单。

从以上分析比较可知，两种构型的着陆缓冲机构具有各自的优缺点。另外，这两种构型可以相互转化，当图 1 - 5 所示的"悬臂梁"式着陆缓冲机构的辅助缓冲器与主缓冲器的连接点逐渐下移，直到与足垫和主缓冲器的连接点重合时，就转化为图 1 - 6 所示的"倒三角架"式着陆缓冲机构。

要全面考虑系统的重量限制、着陆器总体构型、着陆缓冲机构的安装接口、着陆器传力路径、着陆质量、着陆区地形地貌等要求，在此基础上才能确定合理的着陆缓冲机构安装布局、数量和构型。

3.6.2　关键几何参数分析与估算

以"悬臂梁"式着陆缓冲机构为例说明。如图 3 - 3 所示，为四套着陆缓冲机构展开后的情况。着陆缓冲机构设计需要确定的关键几何参数包括 L_h 和 L_V。L_h 是着陆瞬时着陆器结构最低点到月面的初始高度，L_V 是相邻两个足垫中心连线与着陆器结构中心轴线之间的距离。

　　在着陆目标星体的表面上往往散布着大小不等的石块等凸起物，为了确保着陆器能够安全着陆，在着陆缓冲机构缓冲完成后，着陆器的底部一般不允许触及到这些凸起物，即着陆器稳定着陆后在结构最低点与着陆面之间要预留一定的安全距离，这就要求 L_h 必需大于一定的数值，但 L_h 的增大将导致着陆瞬时着陆器质心到着陆面的距离增大，从而降低着陆稳定性。

　　从图 3 - 3 可知，L_V 的增大可以使稳定性多边形的面积增大，从而可以提高着陆时的稳定性。但是在其他条件不变的前提下，它的增大将导致辅助缓冲器和主缓冲器的长度增加，从而增大系统的重量，因此，L_h 和 L_V 是显著影响着陆稳定性和系统重量的重要参数。

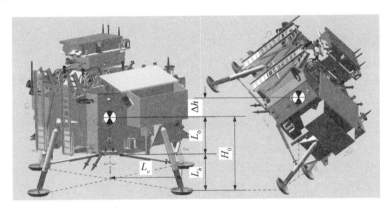

图 3 - 3　着陆器翻倒过程中势能的变化

　　由上述分析可知，为减小系统的重量，在满足着陆稳定性要求的前提下，L_h、L_V 的值应尽可能地小。其中，L_h 的最小值 $L_{h,\min}$ 可以通过式（3 - 1）估算

$$L_{h,\min} \approx S_h + S_0 + \Delta h \qquad (3-1)$$

式中　S_h——主缓冲器在垂直方向的位移；

　　　　S_0——着陆器着陆后结构最低点距离着陆面的安全预留距离；

　　　　Δh——着陆器着陆过程中相对着陆面的下陷深度。

一般情况下，着陆器质心到结构最低点的距离 L_0 是已知的，因此，当 $L_{h,\min}$ 数值确定后，着陆器的质心高度 H_0 便可以按下式确定

$$H_0 = L_{h,\min} + L_0 \tag{3-2}$$

在设计初始阶段，可以利用能量转换原理来初步估算 L_V 的数值。为保证着陆过程中着陆器不翻倒，必须满足以下条件

$$W_D \leqslant W_H \tag{3-3}$$

式中　W_D ——着陆过程中着陆器翻转开始时具有的动能；

　　　W_H ——着陆器质心运动到相邻足垫中心连线所在的竖直平面内时，即着陆器的质心在着陆面上的投影落到稳定性多边形的某一边上时，着陆器相对着陆瞬时势能的增加。

为便于估算 W_D 的数值，并确保式（3－3）的成立，W_D 可以认为是着陆器开始与目标星体接触的瞬间所具有的动能。即只要开始着陆的瞬时着陆器的动能不大于翻倒过程中着陆器势能的增加，着陆器就不会翻倒。W_D 可按下式计算

$$W_D = \frac{1}{2} m(v_V^2 + v_h^2) \tag{3-4}$$

式中　m ——着陆器质量；

　　　v_V ——着陆瞬时着陆器的竖直速度；

　　　v_h ——着陆瞬时着陆器的水平速度。

W_H 可按下式计算

$$W_H = mg'\Delta h \tag{3-5}$$

式中　g' ——着陆面重力加速度；

　　　Δh ——着陆器翻倒过程中质心位置升高的最大值，如图 3－3 所示；

　　　m ——着陆器质量。

Δh 的值可以按主缓冲器不缩短、足垫不下陷来估算，即

$$\Delta h = \sqrt{H_0^2 + L_V^2} - H_0 \tag{3-6}$$

由式（3－3）～式（3－6）可得

$$L_V \geqslant \frac{1}{2g'} \sqrt{(v_V^2 + v_h^2)^2 + 4g'(v_V^2 + v_h^2)H_0} \qquad (3-7)$$

在满足式（3-7）的基础上，L_V 的值应尽可能地小。在实际着陆过程中，缓冲器会吸收部分能量，从而使翻转过程中的动能减少，所以上述估算较保守，但作为初步设计时对 L_V 的估算还是非常有意义的。

3.7　缓冲能力分析与确定

着陆缓冲机构需要吸收的总能量主要包括以下两部分，第一，着陆器着陆瞬时所具有的动能；第二，由于缓冲器工作和足垫下陷而导致的着陆器重力势能的减少。考虑到足垫下陷的深度以及此过程中着陆面的变形吸能量难以准确确定，在初步设计时，可以假设由于足垫下陷而导致的重力势能的减少量与着陆面的变形吸能量相同，因此由这两个因素导致的动能的增加与减少相互抵消。此假设的物理意义是着陆器在刚性着陆面上着陆。

着陆过程中由主缓冲器吸收的总能量 W 为

$$W = \frac{1}{2}mv_V^2 + mg'H \qquad (3-8)$$

其中，H 为从着陆瞬时开始到稳定着陆后由于主缓冲器压缩而导致的着陆器质心的下降高度，v_V、m、g' 的意义同上。

在着陆缓冲机构设计时，要充分考虑可能的极限工况。例如当 4 套着陆缓冲机构不是同时着陆，而是以一定的水平速度，以 1-2-1 的着陆模式在具有凹坑或凸起的斜坡上着陆时，就会出现某一着陆缓冲机构吸能较多的情况。1-2-1 的着陆模式，是 4 套着陆缓冲机构着陆顺序的一种表达方式，即其中 1 套着陆缓冲机构先着陆，而后 2 套着陆缓冲机构同时着陆，接下来最后 1 套着陆缓冲机构着陆。着陆缓冲机构的具体形式不同、着陆区的地形地貌不同、着陆瞬时的速度不同，着陆极限工况就会不一样。在设计初期可以假设每个主缓冲器的最大吸能能力为

$$A_{\max} = a_0 W \tag{3-9}$$

式中　$A_{\max}$ ——每个主缓冲器的最大吸能能力;

　　　a_0 ——某一常数。

着陆时的不确定因素越多,a_0 的取值应该越大,它取值一般不大于 0.7。

辅助缓冲器主要用于缓冲水平方向的冲击载荷。在初始设计时可以按单个辅助缓冲器吸收整个着陆器水平方向的全部动能考虑,即单个辅助缓冲器的最大吸能能力为

$$B_{\max} = \frac{1}{2} m v_h{}^2 \tag{3-10}$$

式中　$B_{\max}$ ——单个辅助缓冲器的最大吸能能力。

事实上,由于着陆缓冲机构的构型不同,辅助缓冲器在拉伸和压缩时吸收的能量往往不一样,前者一般大于后者,且可能大于式 (3-10) 的计算值。一般情况下,着陆瞬时主缓冲器轴线与着陆面的夹角越小,辅助缓冲器越容易发生拉伸变形,着陆过程中吸收的能量也就越多。

在关键几何尺寸 L_h、L_v 以及缓冲力数值分析的基础上,还要同时考虑最大冲击响应加速度的要求,即

$$a \geqslant F/m_{\min}$$
$$F \leqslant m_{\min} a \tag{3-11}$$

式中　a ——允许的最大冲击响应加速度;

　　　F ——着陆时所允许的最大缓冲力;

　　　$m_{\min}$ ——可能的最小着陆器质量。

根据式 (3-9) 和式 (3-11) 可以进一步估算主缓冲器的最小行程 $S_{\min}$

$$S_{\min} \approx A_{\max}/(F/n) \tag{3-12}$$

式中　n ——探测器上着陆缓冲机构的数量。

3.8　着陆缓冲机构方案设计

3.8.1　组成确定

一种典型的着陆缓冲机构如图 3-4 所示，它已成功应用到嫦娥三号着陆器上[5]。它包括主缓冲器、多功能辅助缓冲器、单功能辅助缓冲器、足垫等，其中图 3-4（a）为收拢状态，图 3-4（b）为展开状态。主缓冲器上端通过万向节与着陆器主结构相连，下端通过球铰与足垫相连，中间通过两个球铰分别与两个辅助缓冲器的一端相连。两个辅助缓冲器的另一端也通过万向节分别与着陆器主结构相连。每一个缓冲器均通过安装在其内部的缓冲材料来吸收冲击能量。其中，主缓冲器主要缓冲纵向冲击载荷，辅助缓冲器主要缓冲水平冲击载荷。主缓冲器只具有压缩缓冲功能，辅助缓冲器具有拉、压双向缓冲功能。多功能辅助缓冲器不但具备双向缓冲功能，而且还集成了收拢压紧和展开锁定功能，在发射段可将着陆缓冲机构可靠压紧，探测器与运载火箭分离后将其释放展开并锁定。足垫用来实现对着陆器的支撑，并防止着陆器在柔软的着陆面上着陆时，由于冲击过大而导致过度下陷。另外，在水平着陆速度较大时，足垫还可以为着陆器在着陆面上的滑移奠定基础，从而提高着陆稳定性。

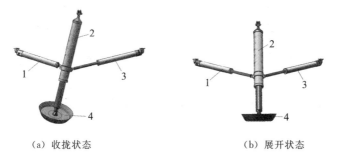

（a）收拢状态　　　　　　　　　　　（b）展开状态

图 3-4　单套着陆缓冲机构组成

1—多功能辅助缓冲器；2—主缓冲器；3—单功能辅助缓冲器；4—足垫

3.8.2　常用材料分析与选择

由于着陆缓冲机构飞行及工作过程中所经历的环境非常复杂，为保证其性能稳定，制造材料，包括缓冲材料、热控材料及结构加工用材料等，应选择对环境变化不敏感的材料。结构加工用材料多为金属材料，包括铝合金、钛合金、不锈钢等。对金属材料而言，同一材料的不同热处理状态，往往具有不同的物理及机械性能。为正确选择材料，需要熟悉各种常用材料的基本特性，掌握材料成分、热处理工艺特点、金相组织及性能之间的关系，以保证着陆缓冲机构的可靠性。

3.8.2.1　铝合金[8]

铝合金具有密度低、耐蚀性好、抗疲劳性能高的优点，且无磁性，易于加工、成本较低，是着陆缓冲机构制造最常用的材料。特别是硬铝合金，它具有强度高，耐热性好，且具有较好的塑性等优点。

在硬铝合金中，最常用的牌号为 2A12，它的使用温度可达250℃。其不足之处是耐腐蚀性能较低，为便于地面贮存，需要进行防腐处理，如表面阳极化等。

超硬铝合金 7A09 也是常用的铝合金之一，它的突出优点是强度更高，因此常用于制造承载较大的零件，如着陆缓冲机构主缓冲器的内、外筒等零件。

5A06 防锈铝合金也是一种常用的铝合金，具有高塑性、低强度以及优良的耐腐蚀性能及焊接性能，常用于制造需焊接及旋压成形的部件，如足垫的上下蒙皮等。

1035 工业纯铝常用于需承受较高温度的金属密封圈，如火工压紧释放装置起爆器与壳体之间的端面密封圈。

表 3-1 为着陆缓冲机构常用铝合金材料的主要性能特点。表3-2 为这几种铝合金材料的主要物理、机械性能指标。

表 3 - 1　几种常用铝合金的性能特点

牌号	主要性能特点
2A12	固溶处理、自然时效或人工时效强化后，具有较高的强度和良好的塑性，高温下的软化倾向小，切削性能良好。但抗腐蚀能力较差，焊接性能差。一般用于受力零件及受热零件
7A09	强度高，综合性能好，有多种热处理状态可供选择，且每种热处理状态的特点都很鲜明。温度升高时其强度会降低，长期使用温度一般不超过 125℃。切削性能良好。一般用于承载较大的零件
5A06	不可热处理强化，强度中等，冷作硬化可以提高强度，但抗应力腐蚀性能下降。退火状态下塑性尚可，耐蚀性良好。焊接性能、切削性能良好。一般用于需焊接或旋压成形的零件
1035	塑性高，耐腐蚀性好，导电率和热导率高，不可热处理强化，易于气焊和接触焊，但切削性能较差，一般用来制造火工压紧释放装置中需承受较高温度的金属密封圈

注：1035 为工业纯铝，为叙述方便，也把它放在该表中。

表 3 - 2　几种常用铝合金的物理和机械性能指标

性能指标 材料 牌号及状态	强度 σ_b/ MPa	断裂伸长率 δ /%	线膨胀系数 α_1/(10^{-6}℃$^{-1}$)	比热容 c/(J/kg ℃)	密度 ρ/ (g/cm^3)	热导率 λ/(W/ m · ℃)	弹性模量 E/GPa	剪切模量 G/GPa
2A12（T4）	≥420	≥10	22.7	921	2.80	121	71	26
7A09（T6）	≥530	≥6	23.6	904	2.80	156	71	26.5
5A06（O）	≥280	≥10	24.7	921	2.64	117	71	27
1035（O）	≤118	≥25	24.0	946	2.71	226	70	26

注：表中强度数据是指棒材；比热容为 100℃时的值；线膨胀系数为 20～100℃的值。

3.8.2.2　钛合金及钢材

与其他合金相比，钛合金具有比强度高、线膨胀系数低、耐蚀性强、无磁性、高温性能好等特点。在 300～500℃时，其强度约为铝合金的 10 倍。但钛的化学活性大，与大气中的氧、氮、氢、一氧化碳、氨气等在一定的温度下产生强烈的化学反应，所以，钛合金一般在真空炉中进行热处理。钛合金的热导率低，约为工业纯钛的 1/2、45 号钢的 1/6、铝合金的 1/20。

在应用过程中，应避免钛合金零件与易产生氯化物的银、镉、铅等金属及其化合物接触。另外在一定的腐蚀介质条件下，钛合金零件与铝合金、结构钢零件接触时，由于电位差问题，可能导致后者加速腐蚀或破坏。当两者必须接触时，必须进行相应的阳极化处理。地面存放及装配、试验过程中要特别注意该问题。

钛合金的耐磨性差，在两个具有相对运动的接触表面上容易产生粘结，且对微动磨损特别敏感。采用机械方法连接的钛合金零件，在振动和较高的表面压力下会发生某些相对移动，出现微动磨蚀，可能导致疲劳强度降低 $20\% \sim 30\%$[9]。为了减少微动磨蚀，可以采用喷丸＋阳极化＋MoS_2润滑剂的复合工艺，该措施可以显著提高零件的微动疲劳寿命[9]。

钛合金对表面缺陷及应力集中非常敏感，强度越高，敏感性越突出。因此，在钛合金零件设计时，要保证应力集中区的表面粗糙度优于 $R_a 2.5\mu m$，钛合金零件上的过渡圆角半径要尽可能地大，并且不得有锐边、毛刺。可通过去应力退火消除表面残余应力。如果零件受交变应力作用，还可以通过喷丸处理的方式进行强化。对于特别重要的承力零件，在零件加工完成后，还应该进行无损探伤。

钛合金极易吸氢，从而导致氢脆。所谓氢脆是指由于氢渗入金属的内部导致金属损伤，使金属零件在低于材料屈服极限的静应力作用下失效。钛合金在冶炼、热处理、焊接、机械加工过程以及工作环境中都有可能吸氢。为了避免吸氢情况发生，常采取原材料复验、真空热处理、保护气氛焊接、非酸性清洗剂清洗等措施，实践证明这些措施对于预防钛合金氢脆非常有效。

着陆缓冲机构常用的钛合金主要是 TC4。其应用温度一般不超过400℃，有摩擦接触或螺纹组合的零件，可能发生擦伤和粘连，应进行阳极化、镀铬、化学镀镍等处理。尽管钛合金的硬度不高，耐磨性不够好，但由于其强度高，高温性能好，且着陆缓冲机构为一次性工作的机构，所以钛合金常用于制造着陆缓冲机构中各种承载较大的关节。

在着陆缓冲机构上使用的钢材主要是弹簧钢 $60Si_2MnA$。它是一种用途广泛的合金弹簧钢，淬透性较高，淬火—回火后具有较高的强度和弹性极限，较高的屈服/断裂强度比（$\delta p_{0.2}/\delta_b$）、抗松弛能力及回火稳定性。但脱碳倾向大，冷变形塑性低，主要用于制造比较重要的弹簧，如着陆缓冲机构中的展开弹簧等。

表 3 - 3 为钛合金 TC4 和弹簧钢 $60Si_2MnA$ 的主要性能特点[10-11]。

表 3 - 3　钛合金 TC4 和弹簧钢 $60Si_2MnA$ 的主要物理和机械性能指标

材料牌号 ＼ 性能指标	强度 $\sigma_b/$ MPa	伸长率 $\delta_s/\%$	线膨胀系数 $\alpha_1/(10^{-6}\ ℃^{-1})$	比热容 $c/(J/kg \cdot ℃)$	密度 $\rho/(g/cm^3)$	热导率 $\lambda/(W/m \cdot ℃)$	弹性模量 E/GPa	剪切模量 G/GPa
TC4	≥895	≥10	9.1	611	4.44	6.8	109	44
$60Si_2MnA$	≥1 520	≥10	12.6	461	7.74	29.308	206	79.9

3.8.3　主缓冲器方案设计

主缓冲器方案设计包括两个核心内容，即缓冲能力设计和强度设计。缓冲能力设计包括选择合理的缓冲方法、适当的缓冲力及缓冲行程。缓冲方法的选择可参考第 2 章，缓冲力一般通过低、高两个级别的有机组合实现。图 3 - 5 所示为主缓冲器的缓冲力—行程关系示意图。较低一级的缓冲力 F_1，采用承载能力较弱的缓冲材料实现，对应理想工况下多套着陆缓冲机构同时着陆时的缓冲吸能情况，这样一方面可以降低缓冲开始时的加速度增长率，有利于保证载人着陆探测时航天员的生命安全，同时，使着陆器的质心高度快速下降，增加着陆器的着陆稳定性，还可以降低理想着陆工况下的冲击响应。第二级的缓冲力 F_2，采用承载能力较强的缓冲材料实现，用来应对各种极限着陆工况，可以吸收更多的冲击能量，同时也将导致冲击响应显著增大。

主缓冲器为活塞筒式结构，主要由万向节、导向环、缓冲材料、外筒、内筒和球铰等部件组成，如图 3 - 6 所示，其中的球铰与足垫相连。在着陆过程中足垫首先与着陆面接触，由此产生的冲击载荷

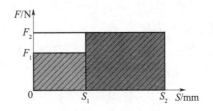

图 3-5　主缓冲器缓冲力—行程关系示意图

通过球铰传递到内筒上。当冲击载荷超过缓冲材料压溃载荷时，承载能力不同的缓冲材料由弱到强依次发生压溃变形，冲击能量也随之转变为缓冲材料的塑性变形能，从而实现对着陆冲击的缓冲。

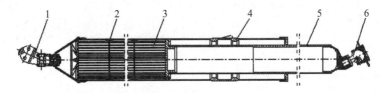

图 3-6　主缓冲器结构示意图

1—万向节；2—导向环；3—缓冲材料；4—外筒；5—内筒；6—球铰

缓冲材料常采用铝蜂窝，使用时将多段强弱不同的铝蜂窝依次串连到一起。着陆时，强度较小的铝蜂窝先发生压溃变形，在其完全变形后，强度较大的铝蜂窝才发生变形。为消除铝蜂窝变形开始阶段的尖峰载荷，所有铝蜂窝使用前一般均进行预压处理。为了防止铝蜂窝发生局部失稳，保证变形过程中载荷的平稳性，在铝蜂窝之间安装导向环[12]。

外筒与内筒一般均采用相同的铝合金材料加工制造，万向节和球铰往往采用钛合金加工，以保证各运动关节材料的热膨胀系数一致，避免关节的卡死，同时保证所需的承载要求。在发射阶段，为了保证足垫的位置不发生变化，防止其与运载火箭之间接触、碰撞，在球铰中以及内筒和外筒之间设置相应的限位装置，从而限制发射阶段球铰及内、外筒之间的相对转动。另外，为了防止在发射段振动载荷的作用下，因铝蜂窝缓冲材料的塑性变形而导致内、外筒之间产生轴向间隙，进而使足垫的振幅增大，可以在内、外筒之间设置弹性环节，补偿相应的轴向变形。根据着陆过程中内筒两端承受弯矩较小、中间部位承受弯矩较大的特点，内筒采用变壁厚设计，中部壁厚尺寸较大，两端壁厚尺寸较小，以便在满足强度要求的前提下减少着陆缓冲机构的质量。

3.8.4　辅助缓冲器方案设计

考虑到着陆时辅助缓冲器可能承受拉伸载荷，也可能承受压缩载荷，因此辅助缓冲器要具备拉、压双向缓冲能力，另外，由于着陆过程中辅助缓冲器产生拉、压变形而导致其与主缓冲器之间的夹角不断变化，由此导致拉、压缓冲能力的需求往往不一样。在更多的情况下，辅助缓冲器承受拉伸载荷，且其拉伸缓冲能力一般要大于压缩缓冲能力，因此，在初始设计时要使拉伸缓冲能力比公式（3-10）的计算值稍大。图 3-7 是某辅助缓冲器的缓冲力—行程关系示意图。其中左侧为压缩缓冲能力，右侧是拉伸缓冲能力。

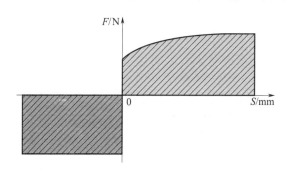

图 3-7　辅助缓冲器缓冲力—行程关系示意图

多功能辅助缓冲器除了具有拉伸、压缩双向缓冲能力外，还具有压紧释放、展开锁定及锁定指示的功能，因此，其组成也相对复杂。多功能辅助缓冲器为双活塞筒结构，包括万向节、压紧释放装置、外筒、铝蜂窝、中筒、钢球锁、内筒、展开弹簧、球铰、拉杆和微动开关等部件，其展开和收拢状态分别如图 3-8、图 3-9 所示。通过压紧释放装置把内筒与外筒锁紧在一起，成为稳定的结构，实现整个着陆缓冲机构的收拢压紧，以满足运载火箭的包络要求。当着陆缓冲机构需要在轨展开时，压紧释放装置点火工作，解除外筒与内筒之间的连接，内筒在展开弹簧的作用下，相对外筒向外伸展，达到预定位置后，内筒与中筒相对锁定[13]，同时触发微动开关，给出展开锁定信号。展开弹簧为压缩弹簧，这样即使压缩弹簧发生断裂等现象，展开的驱动力也不会像拉伸弹簧那样完全消失，仍可以保证可靠展开。

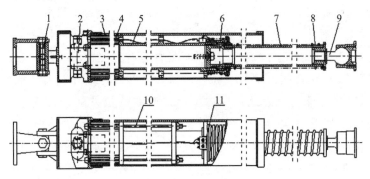

图 3-8　多功能辅助缓冲器展开状态示意图

1—万向节；2—压紧释放装置；3—外筒；4—铝蜂窝；5—中筒；6—钢球锁；
7—内筒；8—展开弹簧；9—球铰；10—拉杆；11—微动开关

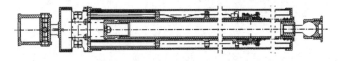

图 3-9　多功能辅助缓冲器收拢状态示意图

通过铝蜂窝的压溃变形来缓冲压缩冲击载荷，通过拉杆的拉伸变形来缓冲拉伸冲击载荷。拉杆采用一种高锰钢材料制造，常温下拉杆的延伸量能够达到初始长度的 40% 以上，最高可以达到近 50%。

　　压紧释放装置如图 3 - 10 所示[13]，它是一种火工解锁螺母，主要由电起爆器、弹簧、螺母瓣、套筒、壳体和螺栓等组成。其中的壳体与多功能辅助缓冲器的外筒连接，螺栓与内筒连接，从而实现内筒与外筒的压紧。当着陆缓冲机构需要展开时，电起爆器点火，壳体内腔中产生的燃气压力，推动套筒与螺母瓣相对运动，解除螺母瓣对螺栓的约束，从而释放内外筒之间的连接。为了保证可靠释放，压紧释放装置配置双电起爆器，只要其中一个点火，就能实现释放功能。

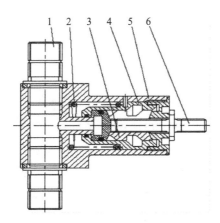

图 3 - 10　压紧释放装置结构示意图

1—电起爆器；2—弹簧；3—螺母瓣；4—套筒；5—壳体；6—螺栓

　　展开末端的锁定由钢球锁完成。钢球锁的工作原理如图 3 - 11 所示。它主要由锁舌、锁簧、钢球、锁环等组成。在着陆缓冲机构展开过程中，当内筒上的凹槽运动到钢球位置时，由于锁簧的压缩作用，钢球被锁环挤入凹槽，内筒与中筒之间的轴向运动被限制，从而实现着陆缓冲机构展开后的锁定。

　　多功能辅助缓冲器的外筒、中筒和内筒也采用铝合金制造，其中的万向节和球铰则采用钛合金制造。

　　与多功能辅助缓冲器相比，单功能辅助缓冲器减少了压紧释放和展开锁定两项功能，仅具有拉、压双向缓冲功能，因此其组成简

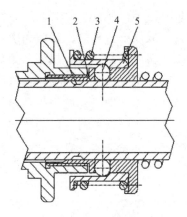

图 3-11　钢球锁工作原理示意图

1—凹槽；2—锁舌；3—锁簧；4—钢球；5—锁环

单得多，如图 3-12 所示。它也是一种活塞筒结构，主要由万向节、铝蜂窝、拉杆、中筒、外筒、内筒和球铰等部件组成。

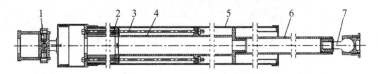

图 3-12　单功能辅助缓冲器结构示意图

1—万向节；2—铝蜂窝；3—拉杆；4—中筒；5—外筒；6—内筒；7—球铰

为了减少加工与装配的技术难度，保证着陆缓冲机构的可靠性，单功能辅助缓冲器的制造材料、主要结构尺寸与多功能辅助缓冲器保持一致。

3.8.5　足垫方案设计

足垫主要用来实现着陆时的支撑、滑移与辅助缓冲，并在着陆瞬时给出着陆信号[14]。它主要由法兰、触发开关和盆体三部分组成，如图 3-13 所示。

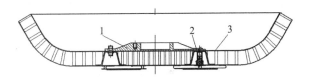

图 3-13 足垫结构示意图

1—法兰；2—触发开关；3—盆体

通过法兰实现主缓冲器的球铰与面积较大的足垫之间的可靠连接，从而保证对着陆器的稳定支撑。盆体用来实现载荷传递、平稳滑移和局部缓冲等功能。它是铝蒙皮蜂窝夹层结构，其中的内面板和外面板分别通过薄铝板旋压而成。在盆体与安装法兰螺接的部位预埋帽形梁，帽形梁中间填充较强的铝蜂窝材料，以实现良好的支撑，周边填充较弱的铝蜂窝材料，以实现局部变形缓冲。盆体的侧面向外倾斜一定的角度，并且具有一定的高度，这样便于在滑移过程中推开着陆面的灰尘，实现平稳着陆。在滑移过程中如果足垫侧面与刚性物体碰撞，那么较弱的铝蜂窝材料就会发生局部塑性变形，从而起到辅助缓冲的作用。

为了在着陆瞬时及时给出着陆信号，以便于判断着陆情况或执行着陆后的相关指令，在每个足垫底部还布置有触发开关。考虑到着陆面地形地貌的影响，足垫可能以各种偏转角度着陆，因此在足垫底面可布置多个开关，如图 3-14 所示。在足垫底面与着陆面接触前，开关处于断开（闭合）状态，足垫与着陆面接触后，开关闭合（断开），即被触发。任何 1 个开关被触发，都能给出着陆信号。在实际应用时，为了防止给出错误的触发信号，还要对开关信号进行逻辑处理，确保判断正确。

如图 3-15 所示，触发开关可采用微动开关，为了保证足垫在松软的着陆面上着陆时也能可靠触发，在开关的下面设置有弹簧片，以增大着陆时作用在开关上的触发力。同时，使弹簧片与开关之间保持一定的距离，保证在着陆前的下降过程中，不会因发动机等的工作脉动而导致开关误触发。另外，采用弹簧片还可以方便地实现地面多次触发检测，并保证地面检测过程中触发力的一致性。

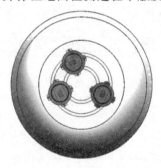

图 3 - 14　触发开关的布置

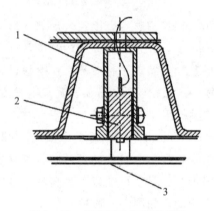

图 3 - 15　触发开关安装示意图
1—安装架；2—开关；3—弹簧片

3.8.6　润滑设计

　　着陆器在轨飞行期间处于真空环境，在该环境下，着陆缓冲机构关节表面之间易发生黏着现象，进而导致机构关节的摩擦阻力显著增加、着陆缓冲机构运动不稳定等现象，甚至导致机构运动功能的完全丧失。为了降低上述故障发生的概率，着陆缓冲机构的关节表面必须采取适当的润滑措施。

综合考虑着陆缓冲机构从地面发射到在目标星体表面着陆所经历的各种环境条件、工作载荷大小、工作寿命要求、机构运动特点以及机构零部件材料与润滑剂的相容性等因素，着陆缓冲机构的关节表面一般喷涂或溅射 MoS_2 固体润滑膜。该润滑膜实施工艺已经十分成熟，且具有适应的温度范围广、承载能力强、工艺实施简单、成本低廉、维护方便等特点，已在火工装置、展开装置等多种一次性工作的航天器机构上成功应用。

在润滑设计时，要考虑润滑膜厚度对各关节实际配合性质的影响。

3.8.7 热设计

为了防止空间热环境对着陆缓冲机构的性能产生负面影响，在各组件承力结构设计的同时，还要进行热设计。热设计时要重点考虑火工装置的安装部位、关键关节以及重要承力部件的热控要求。针对预期低温、高温环境下的极端温度，一般采用被动的热控措施对着陆缓冲机构进行热防护，如采用不同单元数量的低温多层隔热组件和高温多层隔热组件对相应的部位进行包覆，并采用尼龙搭扣捆绑、耐温线缝合、硅橡胶粘接等方式对隔热组件进行固定。另外，为了防止多层隔热组件产生静电，还要在所保护的零件上设置相应的接地点，及时将静电释放。为了监测飞行过程中关键位置处的实际温度，判断热控措施的有效性，可以在相应的部位设置温度传感器。有时为了防止下降段制动发动机的羽流对着陆缓冲机构产生显著影响，在面向发动机的一侧还要采取更加特殊的热控措施，如增加耐高温的防热钢箔，并对钢箔的表面进行处理，以便使更多的热辐射被反射回去。

需要指出的是，尽管承力结构的设计和热设计往往由不同的设计师完成，但在热设计过程中需要承力结构设计师的积极参与，这样既可以避免热控措施对着陆缓冲机构性能，特别是运动性能带来影响，同时，还可以保证相应热控措施如热控多层的固定、静电释放等落实到位，避免可能给系统带来的负面影响。

3.8.8　可靠性设计

在着陆缓冲机构实际工程设计过程中，可靠性设计不是独立的设计环节或设计内容，而是融于上述设计过程之中的一种设计思想。其目的是通过设计手段保证或提高产品的可靠性。着陆缓冲机构与其他航天器机构的可靠性设计思路相似，一般包括以下基本内容：

1）简化设计方案。在满足性能要求的前提下，材料的种类、规格和技术条件尽量一致，零部件的结构形式尽量简化，相同功能的零件其形式尽可能保持一致。如辅助缓冲器中的缓冲材料规格一致，主要的接头尺寸、规格一致；主缓冲器中多段铝蜂窝的外形尺寸保持一致等。

2）继承性设计。零部件的结构设计、材料选取、润滑设计、热设计等要充分继承已经多次成功飞行的产品的设计经验，减小设计风险，减少验证试验的项目。如零部件的材料多选用铝合金、钛合金，采用 MoS_2 固体润滑膜、采用热控多层包覆等继承性设计。

3）冗余设计。关键部件采取冗余设计措施，这样即使某一部件发生故障，仍能保证预期的动作或任务的可靠完成，如压紧释放装置采用双电起爆器实现点火，任意一个电起爆器点火，压紧释放装置即可动作，从而完成释放功能。

4）耐环境设计。要充分考虑整个飞行环境对结构材料特性以及热胀冷缩对关节配合性质的影响，如着陆缓冲机构的制造材料尽可能选用钛合金、不锈钢、铝合金等对空间环境耐受性好的航天器制造常用材料，同一关节的不同部件尽可能选用同种材料等。

5）余量设计。按照航天器结构和机构设计的有关规范开展余量或裕度设计，保证重要零部件的有关裕度符合规范要求。如展开弹簧的最小静力裕度要不小于1，主缓冲器内、外筒重叠段长度与内、外筒配合直径之比大于 2.75 等。另外，不同的设计阶段，余量的取值应不同。从模样阶段到初样阶段再到正样阶段，相应的余量值一般逐渐减小。

3.8.9 其他设计内容

着陆缓冲机构的设计往往还包括以下内容：

1）总装设计。所谓总装是指着陆缓冲机构与着陆器结构之间的安装与分解，因此，相应的总装设计包括二者之间的安装以及分解设计。尽管该操作的具体实施一般由总装工艺进行安排，但作为着陆缓冲机构的设计师要首先提出相应的总装要求，或初步总装方案，包括安装位置的精度要求、螺钉的尺寸与等级、拧紧力矩、防松措施、重点测量的尺寸等，供总装工艺人员参考。总装设计方案既要保证着陆缓冲机构的总装操作便于实施，又要确保其性能可以得到充分发挥，同时还要特别注意保护人员及产品的安全。值得指出的是总装时的分解往往不是安装的逆过程，与安装过程相比，分解过程中需要关注、检查的事项往往更多。

2）供电设计。着陆缓冲机构中往往具有火工装置，供电设计主要是指火工装置的起爆供电设计。在设计过程中要明确电流、电压的要求以及与电起爆器相匹配的插头型号要求，以及相应的短路保护要求等。

3）线缆走向与绑扎。着陆缓冲机构中的信号线、供电线等都要从着陆缓冲机构的相应部位引出，然后与着陆器相应的部位插接。在线缆引出点附近要特别注意其走向与绑扎方式，确保不会对机构的运动带来影响，且不会因为振动等载荷的作用而使插头受到明显的附加作用力。该设计内容对于保证机构的可靠工作是十分重要的，同时，也往往被经验不足的设计师所忽略。

3.9 着陆缓冲机构方案分析

方案分析是验证方案设计合理性、有效性、正确性的有效手段，随着计算机及软件技术的发展，分析验证的重要性越来越突出。

3.9.1　自由度分析

（1）收拢压紧状态的自由度分析

如图 3 - 4 所示的着陆缓冲机构，共有 7 个主要运动构件，包括主、辅缓冲器的内外筒和足垫。着陆缓冲机构处于收拢压紧状态时足垫相对主缓冲器内筒固定，所以此状态下足垫与主缓冲器内筒合为一个构件。另外，主缓冲器及两个辅助缓冲器都不动作，所有滑动副相互压紧固定，也分别相当于一个构件。根据上述分析，整个着陆缓冲机构中共有运动构件 3 个，即主缓冲器、多功能辅助缓冲器和单功能辅助缓冲器，运动副包括球副 2 个，万向节 3 个。由第 1 章公式（1 - 2）易得，收拢压紧时着陆缓冲机构的自由度为

$$w = 3 \times 6 - (3 \times 2 + 4 \times 3) = 0$$

即着陆缓冲机构处于收拢状态时的自由度为 0，不会产生任何运动，可以稳定收拢。

（2）展开过程中的自由度分析

在展开过程中，多功能辅助缓冲器的内筒相对外筒工作，主缓冲器及单功能辅助缓冲器中的滑动副不动作，仍然分别相当于一个构件。因此，此过程中整个着陆缓冲机构共有运动构件 4 个，即主缓冲器、单功能辅助缓冲器以及多功能辅助缓冲器的内筒和外筒，运动副除了 2 个球副，3 个万向节外，增加了位于多功能辅助缓冲器内部的 1 个滑动副。由第 1 章公式（1 - 2）易得，展开过程中着陆缓冲机构的自由度为

$$w = 4 \times 6 - (3 \times 2 + 4 \times 3 + 5 \times 1) = 1$$

即展开过程中着陆缓冲机构的自由度为 1，所以，在展开弹簧的驱动下，展开时着陆缓冲机构的运动是确定的。

（3）缓冲过程中的自由度分析

在着陆缓冲过程中所有缓冲器都将动作，从而缓冲相应的冲击载荷。此过程中整个着陆缓冲机构共有运动构件 7 个，包括主缓冲器内筒、外筒；多功能辅缓冲器的内筒、外筒；单功能辅缓冲器的

内筒、外筒和足垫。运动副包括 3 个球副，3 个万向节，3 个滑动副，由第 1 章公式（1-2）易得，缓冲过程中着陆缓冲机构的自由度为

$$w = 7 \times 6 - (3 \times 3 + 4 \times 3 + 5 \times 3) = 6$$

即缓冲过程中着陆缓冲机构的自由度为 6，分别为主缓冲器和辅助缓冲器沿各自轴向的自由度，用来缓冲沿三个方向的冲击力；足垫绕球副转动的 3 个局部自由度，以适应着陆面的特殊形貌。

3.9.2　接头载荷分析

为了确保着陆缓冲机构通过三个万向节传递到主结构上的载荷在允许的范围之内，保证结构的安全，同时确保着陆缓冲机构各组件之间的连接可靠，需要对不同工作状态下各接头的载荷进行分析。首先需要建立着陆缓冲机构的受力模型，如图 3-16 所示，F_k 为主缓冲器万向节所受的作用力，F_b、F_c 分别为辅助缓冲器两个万向所受的作用力，F_2 为足垫对主缓冲器内筒球铰的作用力。

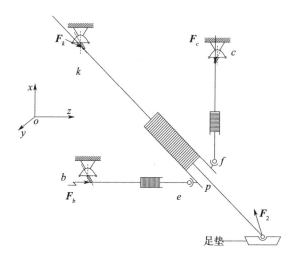

图 3-16　着陆缓冲机构的受力简图

可以通过改变主缓冲器和辅助缓冲器的工作行程来改变着陆缓

冲机构的构型，最后求解力学平衡方程得到各接头的载荷。如图 3 - 17 所示，以主缓冲器为例分析其受力过程。主缓冲器在不同的缓冲行程下，内外筒之间的重叠尺寸会不同，受力情况也会发生相应的变化。设 p 为外筒下端端与其轴线的交点，m、n 为内外筒相互作用的挤压点，主缓冲器外筒长为 L_1，主缓冲器内筒长为 L_2，主缓冲器内外筒重合段的初始值为 L_5，某时刻主缓冲器的工作行程为 H_1。从图 3 - 17 可以看出，当主缓冲器工作时，H_1、L_5 会发生相应的变化。

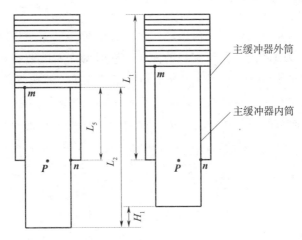

图 3 - 17　主缓冲器内外筒的重叠关系

主缓冲器内外筒受力示意图如图 3 - 18（a）、3 - 18（b）所示。主缓冲器的缓冲力考虑 1.1 倍的动态系数，辅助缓冲器考虑 1.2 倍的动态系数。F_{N1} 和 F_{N2} 分别为挤压点 m、n 处外筒对内筒的挤压力，f_1 和 f_2 分别为对应的摩擦力，F_{pk} 和 F_{kp} 为铝蜂窝的变形力，二者大小相等方向相反，F_{be} 和 F_{cf} 为左右两侧辅助缓冲器对主缓冲器外筒的作用力，R_1，R_2 分别为两个接触点 m、n 处主缓冲器外筒与内筒配合面的半径。m、n、e、f、k 和 p 为各载荷的作用点，Z 表示竖直向上的单位矢量。

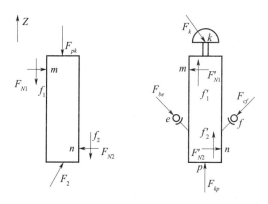

（a）内筒受力示意图　　　　　（b）外筒受力示意图

图 3 - 18　主缓冲器内外筒受力示意图

主缓冲器内筒受力平衡方程为

$$\begin{cases} \boldsymbol{F}_{N1} \cdot \boldsymbol{Z} = 0 \\ \boldsymbol{F}_{N2} = -\dfrac{L_2}{L_2 - (L_5 - H_1)} \boldsymbol{F}_{N1} \\ \boldsymbol{F}_2 = -(\boldsymbol{F}_{N1} + \boldsymbol{F}_{N2} + \boldsymbol{f}_1 + \boldsymbol{f}_2 + \boldsymbol{F}_{pk}) \end{cases} \quad (3-13)$$

主缓冲器内筒摩擦力平衡方程为

$$\begin{cases} \boldsymbol{f}_1 = -\boldsymbol{F}_{N1} \cdot \mu \cdot \boldsymbol{Z} \\ \boldsymbol{f}_2 = -\boldsymbol{F}_{N2} \cdot \mu \cdot \boldsymbol{Z} \end{cases} \quad (3-14)$$

式中　μ——摩擦系数。

由图 3 - 5 和图 3 - 7 可知，缓冲力是缓冲行程 H 的函数，可表示为 $q（H）$。设某时刻主缓冲器和两个辅助缓冲器的行程分别为 H_1、H_2、H_3，则缓冲力平衡方程为

$$\begin{cases} \boldsymbol{F}_{pk} = -q_1(H_1)\boldsymbol{Z} \\ \boldsymbol{F}_{be} = -q_2(H_2)\,be \\ \boldsymbol{F}_{cf} = -q_3(H_3)\,ef \end{cases} \quad (3-15)$$

主缓冲器外筒的力平衡方程为

$$\begin{cases} \boldsymbol{F}_k + \boldsymbol{F}'_{N1} + \boldsymbol{F}'_{N2} + \boldsymbol{f}'_1 + \boldsymbol{f}'_2 + \boldsymbol{F}_{kp} + \boldsymbol{F}_{be} + \boldsymbol{F}_{cf} = 0 \\ [\overrightarrow{pm} \times (\boldsymbol{f}'_1 + \boldsymbol{F}'_{N1}) + \overrightarrow{pn} \times \boldsymbol{f}'_2 + \overrightarrow{pe} \times \boldsymbol{F}_{be} + \overrightarrow{pf} \times \boldsymbol{F}_{cf} + \overrightarrow{pk} \times \boldsymbol{F}] \times \boldsymbol{Z} = 0 \end{cases}$$

$$(3-16)$$

公式（3-16）中的相关矢量可由下式计算

$$\begin{cases} \overrightarrow{op} = \overrightarrow{ok} + L_1 \cdot \boldsymbol{Z} \\ \overrightarrow{pm} = R_1 \cdot \boldsymbol{F}_{N1} - (L_5 - H_1) \cdot \boldsymbol{Z} \\ \overrightarrow{pn} = R_2 \cdot \boldsymbol{F}_{N2} \\ \overrightarrow{pe}, \ \overrightarrow{pf}, \ \overrightarrow{pk} \ (\text{const}) \end{cases}$$

$$(3-17)$$

根据上述受力平衡方程，编制相应的计算程序，就可以分别计算不同工作行程所对应的构型状态下的接头载荷。通过对计算结果进行分析比较，便可得到最大载荷值，该值应不大于所允许的最大值，以保证着陆缓冲机构及主结构的安全。

3.9.3　静力分析

3.9.3.1　主缓冲器与辅助缓冲器强度分析

（1）模型概述

在 CAD 软件中建立三维实体装配模型，然后导入到有限元前处理软件中，建立有限元模型。图 3-19 所示为某工况下主缓冲器与辅助缓冲器静力分析的有限元模型。着陆缓冲机构由多个活动部件装配而成，需要重点关注外筒与内筒之间接触模型的建立，否则，分析结果可能出现较大偏差。

（2）载荷边界条件

将主缓冲器和辅助缓冲器万向节与结构的安装面固定，在主缓冲器与足垫连接的球铰上施加载荷，由于着陆过程中足垫的受力情况复杂，在静力分析时要考虑多种着陆工况下的输入载荷，通常情况下设计载荷的安全系数可取 1.5，但是对于发生概率较小的极限工况的载荷安全系数可以在 1.1～1.4 之间选取，以避免系统质量过大。

图 3 - 19　某工况下主缓冲器静力分析有限元模型

（3）分析结果

根据不同极限着陆工况所对应的输入载荷，应用有限元软件对模型求解，某工况下主要部件的最大 Von Mises 应力云图和位移云图见图 3 - 20 和图 3 - 21，对多种工况下的计算结果进行进一步分析，就可以得到着陆缓冲机构的最小强度安全裕度，该值一般要求不小于 0。

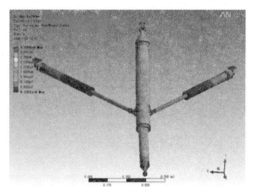

图 3 - 20　某工况下 Von Mises 应力云图

3.9.3.2　辅助缓冲器结构稳定性校核

辅助缓冲器属于典型的细长杆，在着陆过程中的压缩冲击载荷作用下有可能失稳，所以一般需要对其结构稳定性进行校核。辅助

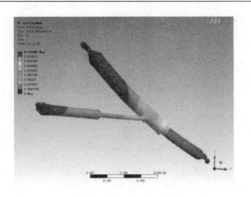

图 3-21　某工况下位移应力云图

缓冲器的安装方式是两端铰支，所承受的最大压缩载荷是填充在其内部的铝蜂窝材料的缓冲力 F，由欧拉公式可以确定辅助缓冲器结构受压失稳的临界载荷 F_{cr} 为

$$F_{cr} = \frac{\pi^3 E(D^4 - d^4)}{64 l^2} \qquad (3-18)$$

式中　E——材料的弹性模量；

　　　l——辅助缓冲器的长度；

　　　D——其等效外径；

　　　d——其等效内径。

　　由上式可以进一步得到辅助缓冲器的失稳安全裕度 n_0 为

$$n_0 = \frac{F_{cr}}{1.5F} - 1 \qquad (3-19)$$

其中，1.5 为安全系数。

3.9.3.3　足垫强度分析

　　足垫中的主要承力部件是法兰和帽形梁两个部件。为了简化计算，可以仅对法兰和帽形梁内部的区域建立有限元模型，进行足垫强度校核。在 CAD 软件中建立三维实体装配模型，然后导入到有限元前处理软件中，如图 3-22 所示。足垫强度分析的边界载荷是把帽形梁固支，在球铰处施加集中载荷，应用有限元软件对足垫模型

求解，得到各个零件的 Von Mises 应力云图分布如图 3－23 所示。由于着陆时允许足垫发生塑性变形，因此可按材料的断裂强度来计算相应零件的强度裕度。

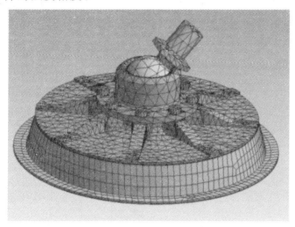

图 3－22 足垫静力分析有限元模型

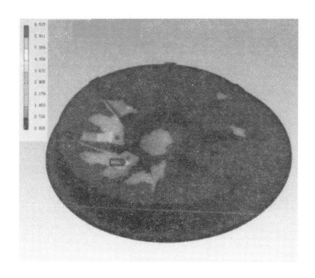

图 3－23 足垫强度分析 Von Mises 应力云图

3.9.3.4　足垫承载力校核

足垫通过与着陆表面之间的较大接触面积来防止着陆过程中的过度下陷，并实现对着陆器的长期有效支撑，因此需要校核足垫的承载力。根据着陆表面的静态承载力随穿透深度的变化曲线，例如图 3-24 所示的月球表面的静态承载力随穿透深度的变化曲线，可以得到着陆面的静态承载力系数 k_s(kPa/mm)。动态承载力常按静态承载力的 2 倍估算，从而可进一步给出动态承载力系数 k_d(kPa/mm)。根据上述条件，给定足垫的半径 R，便可计算足垫在冲击力 F' 作用下产生的下陷深度 h' 为

$$h' = \frac{F'}{k_d \pi R^2} \qquad (3-20)$$

其中，F' 的最大值为主缓冲器中铝蜂窝的最大缓冲力在垂直月面方向的分量。

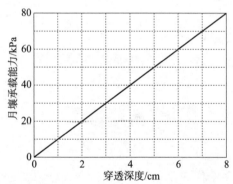

图 3-24　月球表面静态承载能力随穿透深度的变化曲线

单个足垫在静力 F'' 作用下产生的下陷深度 h'' 为

$$h'' = \frac{F''}{k_s \pi R^2} \qquad (3-21)$$

其中，F'' 的最大值为着陆器在着陆星体表面的重量与足垫数量之比。静力 F'' 的值一般远小于冲击力 F' 的值。

3.9.4 模态分析

在着陆缓冲机构模态分析的有限元模型中，主要零部件均简化为板壳和梁结构。主缓冲器、辅助缓冲器和足垫可简化为壳单元，缓冲元件和加强梁可简化梁单元，关节可采用弹簧单元和集中质量单元模拟，各零部件之间用 MPC 连接。整个着陆缓冲机构收拢状态的有限元模型如图 3 - 25 所示，展开状态的有限元模型如图 3 - 26 所示。

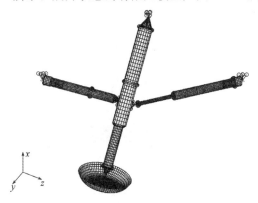

图 3 - 25　收拢状态有限元模型

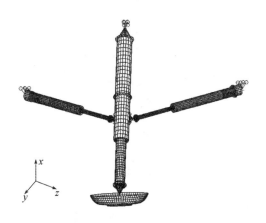

图 3 - 26　展开状态有限元模型

　　模态分析时采用的边界条件为：着陆缓冲机构与着陆器结构之间的安装面固支。通过模态分析可以得到着陆缓冲机构收拢状态和展开状态的各阶频率、模态质量及相应的模态振型。收拢状态横向1阶振型如图3-27所示，收拢状态纵向1阶振型如图3-28所示。

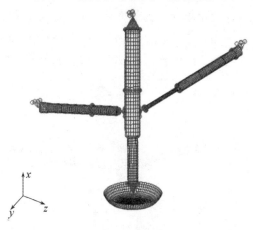

图3-27　收拢状态横向1阶振型

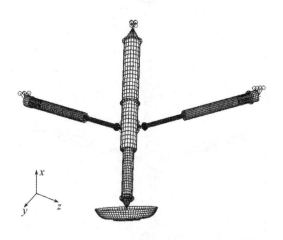

图3-28　收拢状态纵向1阶振型

3.9.5 展开动力学分析

受火箭整流罩包络的限制,着陆缓冲机构在发射时往往处于收拢状态,入轨后展开锁定。因此着陆缓冲机构能否顺利展开,决定了其缓冲性能能否得到充分发挥,进而决定了着陆器能否安全、稳定着陆。因此,在设计过程中必须对展开特性进行仿真验证。

(1) 仿真模型的建立

利用多体动力学分析软件建立着陆缓冲机构展开动力学分析模型如图 3 - 29 所示。主缓冲器和两个辅助缓冲器与地面的连接采用万向节模拟,辅助缓冲器与主缓冲器之间的连接采用球铰模拟,足垫与主缓冲器在展开过程中无相对运动,因此将二者之间的球铰锁定。展开过程中多功能辅助缓冲器内、外筒相对运动,通过展开弹簧推动内筒伸展,因此在内、外筒之间设置圆柱副和弹簧单元。由于着陆缓冲机构在“零重力”环境下展开,因此展开过程的主要阻力是各关节的摩擦力,需要在模型中设置各关节的摩擦系数。

图 3 - 29 着陆缓冲机构展开动力学模型

（2）仿真分析结果

根据着陆缓冲机构的结构尺寸以及多功能辅助缓冲器中展开弹簧的弹力—位移曲线，可以分析得到展开的最大速度和展开时间，当这些结果不能满足设计要求时，可以调整展开弹簧的弹力—位移曲线，直到满足为止。图 3-30 所示为展开弹簧的弹力—位移曲线示意图。

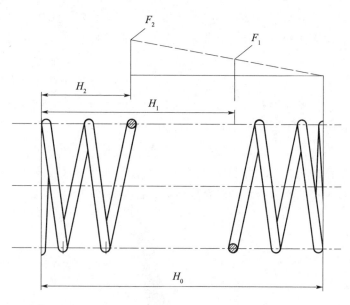

图 3-30　展开弹簧的弹力—位移曲线示意图

假设展开过程中阻力的最大值为 F_r，展开结束时展开弹簧的弹力为 F_d，取温度影响系数为 α_t，则着陆缓冲机构展开过程的最小作用力裕度 M_s 为

$$M_s = \frac{F_d}{\alpha_t F_r} - 1 \qquad (3-22)$$

式中　α_t——修正系数，体现如温度等环境因素对摩擦力的影响。α_t的数值一般难以精确确定，工程研制中往往通过将待分析的产品与

已通过飞行试验的相似产品进行类比，进而估算 α_l 的数值。

由展开弹簧的弹力—位移曲线可知，M_s 出现在展开锁定的瞬时，该瞬时弹力最小，而展开阻力往往最大。

通过展开过程动力学分析，可以得到足垫的展开速度—时间曲线，如图 3 - 31 所示，通过该曲线可以方便地判断着陆缓冲机构的展开时间。

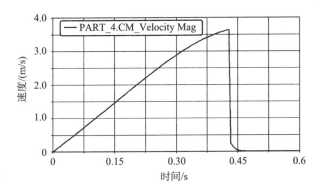

图 3 - 31　足垫展开速度—时间曲线

3.9.6　着陆过程分析

着陆过程分析是着陆缓冲机构研制过程中最重要、最复杂的分析内容。通过该分析不仅可以验证着陆缓冲机构的性能能否满足着陆缓冲要求，而且还可以根据分析结果确定相应的物理试验的工况，并对物理试验结果进行预示，同时针对可能的试验结果采取相应的应对措施，防止物理试验过程中出现意想不到的重大事故。该分析内容将在第 5 章进行详细介绍。

着陆缓冲机构的设计与分析过程可用图 3 - 32 表示[15]。从图 3 - 32 可以看出，着陆缓冲机构最终方案的确定往往需要反复的叠代和优化。根据分析过程中所关注的重点不同，分析内容的先后顺序可以适当调整。

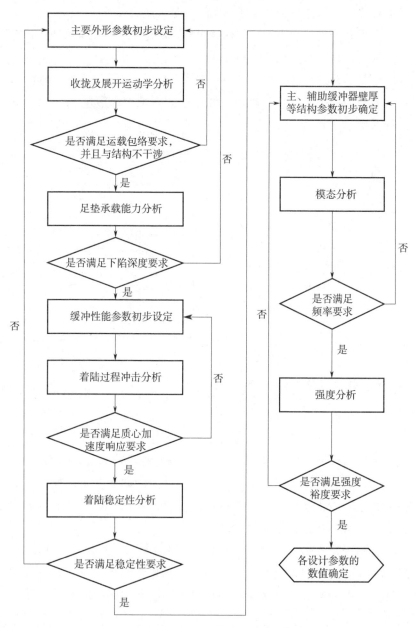

图 3-32　着陆缓冲机构的设计与分析过程

3.9.7　缓冲性能综合评价

　　着陆缓冲机构的组成复杂，功能繁多，经历的环境严酷，性能要求高，因此不能用单一的指标对其性能进行评价，而必须根据实际情况，采用综合指标评价体系进行评价。缓冲性能是其核心性能，该性能的优劣同样不能仅用单一指标进行衡量，而必须从多个方面进行综合评价，如图 3-33 所示。

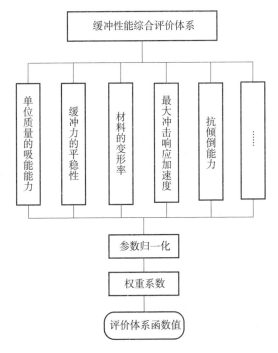

图 3-33　着陆缓冲机构缓冲性能评价体系

　　由图 3-33 可知，对于着陆缓冲机构缓冲性能的评价，是在满足总体指标的前提下，以单位质量的吸能能力为基础，综合考虑缓冲力的平稳性、材料的变形率、最大着陆冲击响应、抗倾倒能力等评价参数，并根据着陆任务情况赋予每个参数不同的权重，最终将评价参数综合成为一个评价函数，进行全面分析评价。为了便于对不同的设计方案进行量化对比，先将各评价参数进行归一化处理，即把各参数转化为最大值为 1 的无量纲数值。如对于单位质量的吸能能力和抗倾倒能力，可将不同方案的着陆缓冲机构所对应的相关数据的最大值作为分母，其他方案的着陆缓冲机构的相应数据除以该数，由此得到各参数对应的无量纲值，其最大值均为 1。综合评价体系函数的形式如下

$$\zeta = \sum_{i=1}^{n} \gamma_i q_i \tag{3-23}$$

其中，γ_i 为评价参数的权重；q_i 为各评价参数所对应的无量纲值，其中单位质量的吸能能力、缓冲力平稳性、材料的变形率和抗倾倒能力的权重系数取正值，最大着陆冲击响应加速度的权重系数取负值。综合评价体系函数 ζ 的数值越大，表明某着陆缓冲机构的缓冲性能越好。

单位质量的吸能能力是着陆缓冲机构缓冲性能的重要评价指标。该指标的数值越大，意味着吸收相同冲击能量所需付出的质量代价越小，这对于深空探测活动的实施至关重要。缓冲力的平稳性即缓冲力的波动性，可以利用缓冲过程中的最大缓冲力 F_{max} 与平均缓冲力 $\overline{F}$ 之比来表达。缓冲力的波动性越小，表明缓冲力越平稳。

缓冲材料的变形率为缓冲材料的变形量 $l_0 - l$ 与初始尺寸 l_0 之比，即 $(l_0 - l)/l_0$，l 为缓冲材料变形后的尺寸。材料的变形率越大，表明可提供的有效缓冲行程越大。一般情况下，希望材料的变形率较大，这样可以充分发挥缓冲材料的作用，利用一定质量的缓冲材料吸收更多的能量，同时，使缓冲力的最大值得到有效控制，进而使冲击响应加速度得到有效控制，保证着陆过程中人员及设备的安全。

在其余性能指标相同的条件下，最大冲击响应加速度值越小表明着陆缓冲机构的缓冲性能越好。

着陆缓冲机构一般要组合使用才能完成相应的缓冲功能，保证着陆器的稳定、安全着陆。因此，在上述评价的基础上，最终还要

结合着陆稳定性进行评价。假设着陆瞬时着陆器具有的动能为 W_D。翻倒过程中,着陆器势能的增加为 W_H,则抗倾倒能力可用下式表征

$$q = \frac{W_H - W_D}{W_H} \qquad (3-24)$$

式中 q——抗倾倒力。

q 值越大,表明着陆缓冲机构的抗倾倒能力越强。

另外,着陆缓冲机构作为着陆任务的执行部件,要保证其缓冲性能得到充分发挥,必须对着陆初始条件进行严格控制。着陆初始条件包括着陆瞬时的竖直速度、水平速度、着陆点的地面坡度以及凹坑、凸起的大小与分布规律等,为把这些条件控制在要求的范围内,需要耗费其他的资源,如需要准确的推力控制系统以及更清晰的地表识别系统等。可以认为,相同条件下,耗费其他资源越少、适应能力越强的着陆缓冲机构的缓冲性能越好。

3.10 座椅缓冲机构方案设计

3.10.1 座椅缓冲机构的功能及组成

在航天员完成飞行任务乘坐飞船返回舱返回地面的过程中,首先要通过降落伞的减速作用而使返回舱的下降速度从每秒数千米降到每秒十米左右。而后,在着陆瞬间一般还要通过制动发动机再次减速,把航天员着陆时受到的冲击控制在安全的范围内,确保航天员安全着陆。在降落伞正常工作的前提下,根据制动发动机能否正常工作,可以把返回舱的着陆状态分为以下两种:

1) 软着陆。即制动发动机能够正常工作,此时返回舱着陆时产生的冲击一般不会对航天员造成任何伤害,也即航天员能够安全着陆;

2) 硬着陆。即制动发动机不能正常工作,此时若无其他防护措施,返回舱着陆时产生的冲击,一般会对航天员造成严重伤害,甚至可能危及航天员的生命安全。

为了在硬着陆时，即制动发动机不能正常工作时，也能保证航天员的生命安全，一般在航天员座椅的下面设置座椅缓冲机构，其中一种设置方式如第1章图1-4所示，我国的"神舟"号飞船和苏联的"联盟"号飞船都采用了这种方式。座椅缓冲机构、座椅和赋形垫组成了人—椅系统，其中，座椅是航天员在上升和返回时的座位，赋形垫为航天员提供合理赋形，提高其承受冲击载荷的能力。硬着陆时，航天员乘坐的座椅绕脚部转动副旋转，压迫座椅缓冲机构下移，在此过程中座椅缓冲机构缓冲航天员胸背向的冲击载荷，并通过赋形垫缓冲航天员头足向和少量胸背向的冲击载荷。一般情况下航天员胸背向的冲击能量占人—椅系统冲击总能量的绝大部分，所以座椅缓冲机构对保护航天员的生命安全具有十分重要的作用。

座椅缓冲机构的主要功能如下：

1）缓冲功能。硬着陆时，通过填充在座椅缓冲机构内部的缓冲材料吸收冲击能量，保证航天员的生命安全。

2）提升功能。座椅缓冲机构具有上、下两个锁定位置，在飞船发射时座椅缓冲机构将座椅锁定在下位，保证航天员处于良好的坐姿，以提高其对发射段载荷的承受能力。在返回过程中，当返回舱下降到一定高度后，座椅缓冲机构提升，将座椅锁定在上位，从而留出缓冲空间。

3）支撑功能。在整个飞行过程中，座椅缓冲机构都要可靠地支撑座椅，保证座椅的姿态和位置要求。

座椅缓冲机构的组成如图3-34所示，它主要包括提升组件、支撑组件、缓冲组件以及安装销孔等。

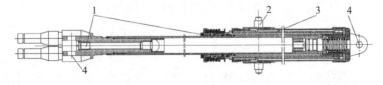

图3-34　座椅缓冲机构的组成

1—提升组件；2—支撑组件；3—缓冲组件；4—安装孔销

各组成部分的具体作用如下：

1）提升组件。通过提升组件中的燃气发生器点火或高压气瓶对座椅缓冲机构的气腔充气，将座椅提升到上位并锁定。

2）支撑组件。通过支撑组件把座椅的端部卡紧，同时提供座椅提升过程中所需的转动及移动自由度。

3）缓冲组件。着陆瞬时，在冲击载荷的作用下，缓冲组件中的缓冲材料即薄壁金属管扩径变形，从而把冲击能量吸收掉。

4）安装孔销。通过位于座椅缓冲机构两端的安装销孔实现它与返回舱承力结构的连接与固定。

3.10.2　人—椅系统的运动关系[6]

如图 3-35 所示，在飞船返回舱以速度 V_0 着陆时，地面土壤和飞船底部的金属结构等的变形将吸收整个返回舱冲击能量的绝大部分。在此过程中，通过舱体结构传递到座椅缓冲机构下端的冲击为一个峰值很高、持续时间很短的脉冲曲线 a_1，而通过座椅缓冲机构传递到座椅上的冲击为一个峰值较小、持续时间较长的平稳曲线 a_2，如图 3-36 所示。

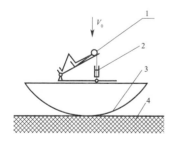
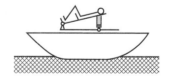

（a）返回舱与地面开始接触时的状态　　　　（b）撞击结束时的状态

图 3-35　着陆过程中舱体变形情况

1—座椅；2—座椅缓冲机构；3—底部结构；4—土壤

着陆过程中，与座椅缓冲机构相连的舱体结构的速度 V_1，可通过曲线 a_1 对时间的积分得到，当速度 V_1 降为零之后，其方向还可能会改变，即产生反弹。座椅的运动速度 V_2，可通过曲线 a_2 对时间积分得到。V_1、V_2 随时间的变化曲线如图 3-37 所示。

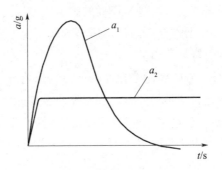

图 3-36　输入、输出加速度—时间曲线

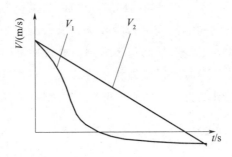

图 3-37　输入、输出速度—时间曲线

把 V_1 与 V_2 之差对时间进行积分，即可得到座椅缓冲机构的缓冲行程 h，如图 3-38 所示。

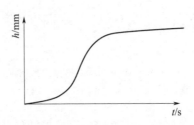

图 3-38　座椅缓冲机构缓冲行程—时间曲线

3.10.3　平均缓冲力确定

假设返回舱硬着陆时人—椅系统的冲击能量均被座椅缓冲机构吸收，人—椅系统的质量为 m，着陆速度为 v，那么，根据能量守恒定律可得

$$\frac{1}{2}mv^2 = Ph \qquad (3-25)$$

其中，P 为缓冲力均值，h 为座椅缓冲机构的行程。由式（3-25）可得

$$P = \frac{mv^2}{2h} \qquad (3-26)$$

一般情况下，人—椅系统的质量 m、着陆速度 v 以及座椅缓冲机构的最大行程 h 都是预先给定的，因此，由上式可以确定平均缓冲力 P 的大小。

3.10.4　缓冲组件设计

缓冲组件是座椅缓冲机构的核心组件，它的基本组成如第 2 章图 2-20 所示，主要由导向筒、椎环及多段壁厚不同的薄壁金属管组成。在着陆过程中，薄壁金属管依次通过锥环，从而发生扩径变形，将冲击能量转变为薄壁金属管的变形能及摩擦热能，实现缓冲吸能的目标。

由第 2 章的公式（2-3）可知，缓冲力与薄壁金属管材料的屈服极限 σ_s、薄壁金属管壁厚 t、锥环的半锥角 α、定径带长度 l 以及薄壁金属管与锥环之间的摩擦系数 f 有关。因此缓冲组件设计的重点内容就是上述参数的确定。

薄壁金属管的材料选择是缓冲组件设计时首先要解决的问题。在材料选择时主要考虑四个方面的因素，即材料的延伸率、屈服极限、材料密度及机械加工性能。要选择延伸率较大的材料，以保证薄壁金属管扩径过程中不会开裂，从而避免缓冲力的较大波动。其次，要选择屈服极限适中、密度较小的材料。屈服极限太高，可能

导致金属管太薄，不易加工。屈服极限太低，可能导致金属管太厚，质量增大。另外，材料要具有良好的机械加工性能，以便于机械加工。在综合考虑上述要求的前提下，常选用铝合金作为薄壁金属管的材料[6,16]。

确定薄壁金属管壁厚 t 的大小时要考虑三个方面的要求。首先，薄壁金属管要有足够的缓冲能力，能够充分吸收冲击能量，且具有适当的裕度。第二，最小缓冲力要大于人—椅系统提升所需的支撑力（提升力）。第三，座椅冲击响应的加速度最大值及其增长率要满足要求。在实际工程研制过程中，常把薄壁金属管适当分段，且按壁厚尺寸的大小依次分级排列。第一个扩径变形的薄壁金属管要承受座椅提升时的载荷，因此，其缓冲力必须大于提升力，在满足此要求的同时，其壁厚尺寸要尽可能小，以降低缓冲开始阶段座椅冲击响应的加速度增长率。由以上分析可知，薄壁金属管的最小壁厚尺寸由座椅提升所需的最小提升力决定，最大壁厚尺寸由座椅所允许的最大冲击响应加速度决定。

采用多段薄壁金属管的设计方案，在着陆缓冲过程中会产生缓冲力波动现象，但是，通过合理的设计，如控制相邻薄壁金属管之间的壁厚差值，可以控制波动的幅度，降低该因素对缓冲性能的影响。一般情况下相邻薄壁金属管壁厚之间的差值不超过 0.5 mm，且差值越小加速度变化越平稳。因此，为确保缓冲性能满足要求，需对薄壁金属管的组合方式进行适当的优化。

在第 2 章式（2 - 3）中，虽然没有与锥环材料强度特性有关的参数，但为了保证薄壁金属管扩径过程的稳定性，防止二者之间发生粘连现象，锥环材料的硬度要比薄壁金属管材料的硬度大。除此之外，在锥环设计时还要注意以下几个参数的确定：锥环的半锥角 α、定径带长度 l 以及锥环的小端直径 D。半锥角 α 主要由薄壁金属管材料的周向延伸率以及所需的平均缓冲力决定，一般不超过 10°。定径带 l 的作用是保证变形过程的稳定性，其长度适当增加有利于保证缓冲力的稳定性，但如果过长，会导致座椅缓冲机构的轴向尺寸显著增大，定径带的长度一般为几毫米。小端直径 D 与薄壁金属管的内径相同，一般由所允许的径向最大外形尺寸确定。

当上述各参数确定以后，就可以根据第 2 章式（2-3）计算出不同壁厚薄壁金属管所对应的缓冲力大小。再根据金属管的组合方式，就可以作出如图 3-39 所示的缓冲力—位移曲线，该曲线所包络的面积就是座椅缓冲机构的缓冲能力。

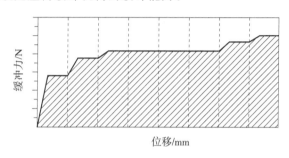

图 3-39　缓冲力—位移曲线

在缓冲组件的设计过程中，薄壁金属管壁厚 t 最容易调整，因此，在其他参数初步确定后，一般通过调整壁厚 t 的大小，来实现缓冲力的微调。

薄壁金属管扩径过程中，它与锥环之间的挤压应力达数百兆帕，此种情况下如果采用干摩擦的方式，那么极易导致粘接、擦伤等现象，从而引起缓冲力的巨大波动，因此，必须采取有效的润滑措施，保持摩擦系数的稳定性。实践证明在高挤压应力作用下，采用"润滑干膜＋润滑脂"的方法，可保持摩擦系数的稳定性，进而保持缓冲力的稳定性[17]。

3.10.5　缓冲性能评价

在返回舱着陆瞬时，座椅上不同位置的冲击响应是不同的。如图 3-40 所示，假设人—椅系统为刚性系统，在着陆冲击过程中，人—椅系统绕脚部旋转的角度为 φ，座椅脚部的加速度为 a。则有下式成立

$$J\ddot{\varphi} = PL_0 - amL \qquad (3-27)$$

式中　L_0——刚性座椅的总长度；

　　　φ——座椅绕旋转轴线转过的角度；

　　　L——刚性座椅质心距脚部旋转轴线的距离；

　　　m——座椅质量；

　　　P——缓冲力。

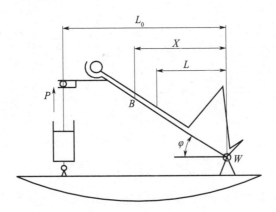

图 3-40　人—椅系统缓冲原理示意图

由公式（3-27）可得，座椅上任一点相对飞船底部的加速度 a' 为

$$a' = \ddot{\varphi}x = \frac{PL_0}{J}x - a\frac{mL}{J}x \qquad (3-28)$$

其中，x 为刚性座椅上任一点距脚部旋转轴线的距离。设任一点相对地面的绝对加速度为 a_0，由公式（3-28）可得，座椅上任一点的绝对加速度为

$$a_0 = a' + a = \frac{PL_0}{J}x - a(\frac{mL}{J}x - 1) \qquad (3-29)$$

当 $x = \dfrac{J}{mL}$ 时，则有

$$a_0 = \frac{PL_0}{mL} \qquad (3-30)$$

即当 $x = \dfrac{J}{mL}$ 时，座椅上该位置点的加速度 a_0 为一常数 PL_0/mL，这一点称为座椅的摆动中心。

为了保证航天员的安全着陆，对于座椅缓冲机构缓冲性能的评价，一般有三个指标，即刚性座椅摆动中心上的最大加速度响应值（一般用地面重力加速度 g 表示，$g = 9.8\ \text{m/s}^2$）、响应时间和缓冲开始阶段的加速度增长率。在缓冲力初步确定后，就可以通过分析或试验，确定上述评价指标的数值，并通过适当调整缓冲力曲线，使上述三个参数满足技术指标要求。

3.11　着陆缓冲机构制造

在着陆缓冲机构投产前，工艺人员需要根据设计图样及相关的技术要求，编制生产工艺，确定所需的生产环境条件、生产设备、专用工装、量具等。工艺、检验人员对生产过程中使用的工装要进行检查、检验，确保其技术状态符合工艺要求。检验人员要确保生产过程中所使用的测量工具在检定或校准的有效期内，并具有相应的标识。生产过程中，产品保证工程师还要对上述生产条件、生产设备、专用工装和工具等进行严格监督，对车间的温度、湿度、洁净度进行监测，确保生产、装配与调试的全过程受控。

由图 3-13 可知，足垫是一种典型的强、弱结合的铝蜂窝夹层结构，它的加工主要涉及到内、外蒙皮的旋压成型，侧向异型铝蜂窝芯子的成型以及加压、加热情况下的粘接固化等工序，这些工序完成后还要进行 X 光检查，确保粘接可靠。由于足垫的内、外蒙皮很薄，旋压成型后的形状精度难以通过接触法直接测量，一般需要借助与其形状相同的专用靠模进行测量。另外，在粘接固化过程中，需要专用工装对内、外蒙皮的相对位置进行定位，并保证二者之间的均匀加压，否则在加压过程可能使二者之间的相对位置发生错动，进而导致足垫的形状精度无法满足要求，同时导致局部脱胶，粘接强度显著降低。因此，对于足垫的粘接固化过程要进行严格的工艺控制。

　　主、辅缓冲器的内、外筒都是薄壁零件，其加工的关键是形状的稳定化处理及后序加工工序中的进给量控制。通过稳定化处理消除零件的内部应力，防止后续存放过程中由于应力释放而导致变形。通过进给量的控制，避免由于机械加工而产生较大的内应力。另外，这些零件加工完成后，在转运、存放过程中，需要采用适当的工装进行支撑，以保证零件的受力均匀，避免由于局部长期受力而导致变形。

　　展开弹簧是着陆缓冲机构展开时的动力源，其加工过程的重点是保证弹簧力的大小满足要求。为此首先需要保证簧丝的质量，如材料成分、簧丝的直径大小、表面状态等要符合要求，第二，要保证弹簧缠绕后的形状精度满足要求，包括弹簧的中径尺寸以及节距的均匀性等，第三，要通过严格的热处理工艺来保证弹簧形状的稳定性及弹簧力的稳定性。为避免由于弹簧长期受压而导致自由高度的变化，进而导致弹簧力的变化，一般要进行 48 小时的强压时效处理，这对于保证弹簧力的稳定性是至关重要的。

　　为保证各关节运动的可靠性，在装配前需要对相应的零件进行 MoS_2 固体润滑。在各零件机械加工时，要充分考虑润滑膜厚度对配合尺寸的影响，预留出相应的加工余量。润滑前要对各零件进行严格清洗，以保证润滑膜与基体结合良好。另外，为进一步保证润滑膜与基体充分结合，在 MoS_2 固体润滑膜喷涂后，一般要进行加热固化。需要注意的是，要严格控制固化的温度，避免由于润滑膜的加热固化而影响基体材料的强度。同时，固化过程中要保证零件的受热均匀，避免由于受热不均匀而导致局部过热现象的发生。

　　在产品正式装配前，一般要对关键的组件进行试装配，如主缓冲器、多功能辅助缓冲器及相应的球铰等。试装配的主要目的是检查装配后的配合情况，特别是施加相应的拧紧力矩后关节的运动是否灵活，是否有卡滞等现象等。如果出现上述情况，则需要对问题进行深入分析，找出原因并予以纠正，而后方可进行后续装配。

　　试装配完成后，进行正式装配。正式装配时要严格按照相应的清单，全面清点所需的零件、标准件和辅料（如防松胶等），确保零件、辅料齐全，符合设计、工艺要求，而后再进行装配。对于螺纹连接用防松胶，一般涂敷在内螺纹端部，这样在外螺纹旋入过程中，可使防松胶在内外螺纹的配合长度上均匀分布，同时可以避免由于涂敷在外螺纹上而导致的胶液滴落等现象。另外，为保证螺纹连接的可靠性，还需要采用相应的力矩扳手施加相应的拧紧力矩，在此过程中要确保力矩值的正确性，并做好相应的记录。对于火工压紧释放装置的安装，要由经过专门培训的人员完成，同时佩戴相应的接地腕带，释放可能存在的人体静电，确保安装过程的安全。火工压紧释放装置安装前后要对电起爆器的桥路电阻和相应的绝缘电阻进行测量，并进行认真判读和严格记录。安装完毕后，及时插接好短路保护插头。

　　装配完毕后，除对相应的外形尺寸进行检验外，一般还要在相应的工装上进行 3～5 次的展开试验，通过展开运动的稳定性，进一步判断装配的质量，如图 3 - 41 所示。展开试验一般是在火工压紧释放装置装配前进行。与第 4 章的展开试验不同，该展开试验是在产品机械装配完成后进行的，产品尚未实施热控包覆，因此产品的状态往往不是最终的飞行状态。

图 3 - 41　着陆缓冲机构的展开情况

　　为了防止装配过程中混入多余物，在装配过程中要严格按相应的标准执行各项操作，这对保证着陆缓冲机构的性能是至关重要的。另外，为保证产品性能满足要求，设计师还常常对某个零件的重要尺寸或某个装配环节提出强制检验的要求，即强制检验点，由设计师在装配现场对所关心的技术参数进行监督检验，并确认检验结果是否满足设计要求。着陆缓冲机构的铝蜂窝缓冲力、展开弹簧的弹力等重要参数值的检验往往设为强制检验点。

参 考 文 献

［1］ W. F. ROGERS. Apollo Experience Report – Lunar Landing Gear Subsystem ［R］. NASA Technical Note，TN D－6805.

［2］ F. B. SPERLING. The Surveyor Shock Absorber. Aerospace Mechanisms Series ［R］. Volume 1，1970.

［3］ N. A. HOLMBERG，R. P. FAUST，H. M. HOLT. Viking '75 Spacecraft Design and Test Summary Volume I – Lander Design ［R］，NASA Reference Publication 1027，1980.

［4］ В. И. БАЖЕНОВ М. И. ОСИН. Посадка космических аппаратов на планеты ［M］. Москва，Машиностроение，1978.

［5］ 杨建中，曾福明，满剑锋，等. 嫦娥三号着陆器着陆缓冲系统设计与验证 ［J］. 中国科学：技术科学，2014，44（5）.

［6］ 杨建中，曾福明，满剑锋，等. "神舟"号飞船航天员座椅缓冲机构缓冲特性研究 ［C］. 中国宇航学会首届年会，2005.

［7］ 于登云，杨建中，等. 航天器机构技术 ［M］. 北京：中国科学出版社，2011.

［8］ 中国航空材料手册编委会. 中国航空材料手册第3卷 ［M］. 北京：中国标准出版社，2002.

［9］ 陶春虎，等. 航空用钛合金的失效及其预防 ［M］. 北京：国防工业出版社，2002.

［10］ 中国航空材料手册编委会. 中国航空材料手册第1卷 ［M］. 北京：中国标准出版社，2002.

［11］ 中国航空材料手册编委会. 中国航空材料手册第4卷 ［M］. 北京：中国标准出版社，2002.

［12］ 杨建中，满剑锋，曾福明，等. 一种着陆探测器铝蜂窝变形缓冲器 ［P］. 中国专利：ZL 201120551968. 5.

［13］ YANG JIANZHONG，ZENG FUMING，XU QINGHUA et al. Deployment Characteristics of A New Landing Gear for Lunar Lander ［C］. The 64th International Astronautical Conference（IAC），2013.

[14]　朱汪，曾福明，满剑锋，等．一种着陆缓冲机构用多功能着陆垫［P］，中国专利：ZL 201120521707.9.

[15]　曾福明，杨建中，满剑锋，等．着陆缓冲机构设计方法研究［J］．航天器工程，2011，20（2）．

[16]　杨建中，曾福明，满剑锋，等．拉刀式与薄壁金属管式座椅缓冲器方案特点研究［C］．中国宇航学会飞行器总体专业委员会学术交流会，2004.

[17]　吴晓铃．润滑设计手册［M］．北京：化学工业出版社，2006.

第4章　地面验证试验

4.1　概述

为了确保着陆缓冲机构的最终性能满足设计要求，每个研制阶段都要开展相应的验证试验，以便对其性能进行全面验证，充分暴露设计、生产、使用等方面可能存在的问题，并采取合理的措施进行改进。与一般航天器机构的试验验证过程相似，着陆缓冲机构的地面试验验证也是按从简单到复杂，即从材料、组件、整机再到多机组合的过程来实施的。在着陆缓冲机构整机试验前一般要对各组件进行充分的试验，以及时发现可能存在的问题，并设法解决，避免把问题带入整机环节。问题发现得越早，解决问题所涉及的环节越少，所需付出的人力、物资、时间等代价越小。在整个试验过程中，都要充分考虑由于飞行阶段及着陆星体表面环境条件的特殊性而可能对产品性能带来的影响。

方案研究阶段，要对着陆缓冲机构的基本性能进行验证。重点开展缓冲材料的常温性能试验、缓冲器的性能试验、着陆缓冲机构单机的展开以及缓冲等基本性能试验。

初样研制阶段，要对着陆缓冲机构的性能进行全面的验证。重点开展缓冲材料在预期工作温度下的性能试验、展开及缓冲摩擦阻力测试、着陆缓冲机构单机展开性能试验、缓冲性能试验、多套着陆缓冲机构组合缓冲性能试验、着陆稳定性试验以及环境鉴定试验等。

正样研制阶段，要对着陆缓冲机构的重点性能进行验证。即对将要用于飞行试验的产品进行有限类别和有限次数的非破坏性试验，包括展开摩擦阻力测试、展开试验以及缓冲抽检试验、环境验收试验等。

有时为了考核着陆缓冲机构的可靠性指标是否满足要求，还要开展可靠性鉴定试验。由于着陆缓冲机构功能多样，性能指标要求高，可靠性鉴定试验的方案及可靠性数据评估方法的确定往往是一项复杂的工作，需要机构设计师和相应的可靠性专家密切配合，针对最关心的性能指标及其验证、测量方法，进行反复的论证，在此基础上，结合相应的统计学理论，确定合理的可靠性鉴定试验方案及可靠性评估方法。与其他许多航天器机构一样，着陆缓冲机构的可靠性鉴定试验及其数据评估方法仍处于探索阶段，还没有形成相应的标准或规范。

除了上述物理试验外，在每个阶段还要并行开展大量的仿真试验工作[1-3]，两种试验密不可分，相互补充，相互支撑。通过仿真试验，可以对物理试验的结果进行预示，避免可能产生的重大损失，同时指导物理试验工况的合理确定，使有限次数的物理试验更加具有代表性、针对性。另外，通过对二者试验结果的分析、比对，既可以辨别、查找影响物理试验结果的主要误差因素，进而设法减小误差的影响，又可以指导仿真试验模型的完善，提高仿真结果的精度。

本章介绍着陆缓冲机构组件、整机和多机组合的相关物理试验的项目、方案、试验过程及典型试验结果等。缓冲材料试验的相关内容已在第 2 章介绍，仿真试验的相关内容将在第 5 章详细介绍。

4.2　缓冲摩擦力测试

4.2.1　测试目的及测试方案

缓冲摩擦力是指主缓冲器内、外筒之间的摩擦力，该测试属于组件级的测试。对于图 3-4 所示的"悬臂梁"式的着陆缓冲机构，在其着陆缓冲过程中，主缓冲器往往会受到较大的弯矩作用，从而使主缓冲器内、外筒之间存在较大的挤压力，由此导致的摩擦力作为缓冲力的重要组成部分，往往不能忽略，否则可能导致着陆过程中缓冲力过大而使冲击响应超出要求，进而对相应的仪器设备或人员造成损伤。因此，需要对主缓冲器内、外筒之间的摩擦力进行准确测试。

　　一种主缓冲器内、外筒之间的摩擦力测试方案如图 4-1 所示。测试时将主缓冲器横卧在测试平台上，调整工装使主缓冲器内、外筒的轴线处于水平状态，而后把外筒与测试平台固连。主缓冲器内筒的一端安装拉力传感器，并通过钢丝绳与加载设备相连，同时在该端附近连接一个吊篮，通过在吊篮中增减配重块来施加相应的横向力。配重块上安装加速度传感器，以测量配重块沿内筒轴线方向运动过程中的加速度。

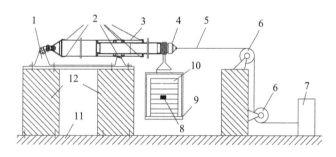

图 4-1　缓冲器摩擦力测试方案示意图

1—工装；2—应变片；3—主支柱；4—拉力传感器；5—钢丝绳；6—滑轮；7—加载设备
8—加速度传感器；9—吊篮；10—配重块；11—地轨；12—试验台

　　为了测量主缓冲器内筒相对外筒的运动距离，在主缓冲器的外壁上安装直线位移传感器。为了监测测试过程中主缓冲器外筒的变形情况，在外筒的根部、中部和端部等重要部位粘贴应变片。

　　测试时，加载设备的拉力通过钢丝绳作用于内筒上，当拉力达到一定数值后，内筒相对外筒向外滑动，此后匀速拉动内筒，直至达到规定的拉伸行程为止。整个运动过程中记录力传感器、位移传感器、加速度传感器以及应变片采集的数据，以便后续数据处理和试验分析。

　　为了保证摩擦力测试结果的准确性，测试时常常分为多种工况进行，并由小到大逐渐加载。其中配重块的最大重量由着陆缓冲机构着陆时预期的最大横向载荷决定，最大拉伸行程由主缓冲器的最大缓冲行程决定。实际测试时每种工况一般还要重复多次，取多次测试的均值作为该工况下的摩擦力，以减小偶然误差的影响，保证测量结果的可靠性。

4.2.2　测试过程分析与结果处理

　　主缓冲器内筒的受力示意图如图 4-2 所示。

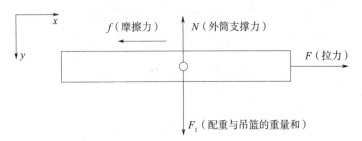

图 4-2　内筒受力示意图

　　由内筒在 x 方向的受力分析可得

$$F - f = (m_1 + m_2)a \qquad (4-1)$$

式中　F ——内筒受到的钢丝绳的拉力；

　　　f ——外筒对内筒的摩擦力；

　　　m_1 ——内筒的质量；

　　　m_2 ——配重与吊篮的质量和；

　　　a ——内筒和配重的加速度。

　　由式（4-1）可得，内筒受到的摩擦力 f 为

$$f = F - (m_1 + m_2)a \qquad (4-2)$$

一般情况下，有 $m_1 \ll m_2$，那么上式可简化为

$$f = F - m_2 a \qquad (4-3)$$

当主缓冲器内筒匀速运动或者 a 较小时，式（4-3）可简化为

$$f = F \qquad (4-4)$$

即钢丝绳的拉力就是内、外筒之间的摩擦力。

主缓冲器内筒的实际受力点如图 4-3 所示，当内、外筒端部受到配重与吊篮的重力和 F_1 的作用时，主缓冲器内、外筒在两个位置形成挤压力，分别为 F_2 和 F_3。

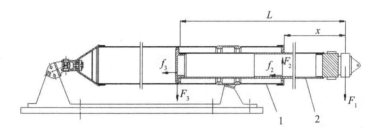

图 4-3　内筒受力点示意图
1—主支柱外筒；2—主支柱内筒

F_1、F_2 和 F_3 具有以下关系

$$F_1 x = F_3 (L - x) \qquad (4-5)$$

$$F_2 = F_1 + F_3 \qquad (4-6)$$

式中　L——内筒长度；

　　　x——某时刻内筒相对外筒的伸长量。

由式（4-5）可得

$$F_3 = \frac{F_1 x}{L - x} \qquad (4-7)$$

由式（4-6）和式（4-7）可得

$$F_2 = \frac{F_1 L}{L - x} \qquad (4-8)$$

由挤压力 F_2 和 F_3 导致的摩擦力 f_2、f_3 为

$$f_2 = \mu F_2 = \mu \frac{F_1 L}{L - x}$$

$$f_3 = \mu F_3 = \mu \frac{F_1 x}{L - x}$$

式中　μ——摩擦系数。

总的摩擦力 f 可用下式计算

$$f = f_2 + f_3 = \frac{\mu F_1 (x + L)}{L - x} \tag{4-9}$$

由式（4-9）可知，随着内筒伸长量 x 的增大，摩擦力 f 逐渐增大，这是因为由配重与吊篮的重量导致的挤压点的弯矩逐渐增大，进而导致挤压力增大的缘故。当伸长量 x 等于 0 时，摩擦力 $f = \mu F_1$。当伸长量 x 等于 $L/2$ 时，摩擦力 $f = 3\mu F_1$，即变为前者的 3 倍。当伸长量 x 接近 L 时，摩擦力 f 将趋于无穷，因此，保持内、外筒之间足够的重叠尺寸，对于控制摩擦力的大小是非常重要的。另外，在缓冲开始的瞬时，摩擦力的影响也往往是不能忽略的。

由式（4-9）可得摩擦系数 μ 为

$$\mu = \frac{f(L - x)}{F_1(L + x)} \tag{4-10}$$

因此，在测得 x 的数值，且由式（4-4）得到摩擦力 f 后，就可以根据式（4-10）得到摩擦系数 μ 的值，可以取多个摩擦系数 μ 的平均值作为名义摩擦系数。

利用上述方法测得的某主缓冲器的摩擦力—内筒伸长量的曲线如图 4-4 所示。由图 4-4 可知，在开始加载时，摩擦力 f 线性增加，但内筒伸长量 x 没有明显变化，直到拉摩擦力 f 达到极大值后，其值便迅速下降。图 4-4 中摩擦力 f 的极大值为最大静摩擦力。两次试验的结果一致性很好，这表明该主缓冲器的摩擦特性比较稳定。

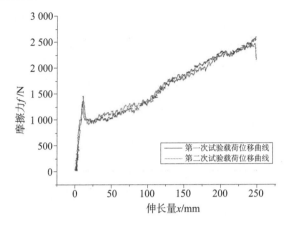

图 4 - 4　某主缓冲器内、外筒之间摩擦力 - 伸长量曲线

1—导向筒；2—金属管；3—锥环

4.3　展开摩擦力测试

4.3.1　测试目的和测试方案

　　该测试属于组件级的测试。在探测器发射阶段，着陆缓冲机构处于收拢压紧状态，以满足运载火箭的包络要求。到达预定的轨道后，着陆缓冲机构释放展开并锁定，为着陆器在月面着陆时的缓冲做好准备，因此，可靠展开是有效缓冲的前提。为保证可靠展开，必须准确测量展开时的摩擦力，以便确定所需的展开驱动力，并进一步判断展开驱动力的裕度是否满足要求。

　　着陆缓冲机构在轨展开时的环境为"零重力"环境，因此在地面进行展开摩擦力测试时，要设法克服由于重力的影响而引入的额外摩擦力。为了准确测量展开摩擦力的大小，可以先逐个测量各主要组件的摩擦力，由此确定对展开摩擦力影响较大的组件，以便于后续设计、生产过程中对其进行重点控制。在此基础上，通过相应的处理方法得出整机的展开摩擦力。以第 3 章图 3 - 4 所示的着陆缓冲机构为例，测量时分两步进行，即多功能辅助缓冲器的展开摩擦力测量和其余主要球铰及万向节展开摩擦力测量。

多功能辅助缓冲器展开时是沿轴向伸展的，其展开摩擦力 f'_1 的测试方法如图 4 - 5 所示。测试时，将多功能辅助缓冲器竖直安放在万能试验机上，通过试验机加载横梁匀速向下运动，压缩内筒至收拢位置，而后试验机加载横梁再匀速向上运动直至内筒完全展开，记录全过程的载荷—位移曲线。

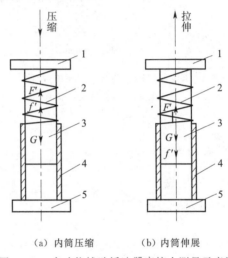

（a）内筒压缩　　　　（b）内筒伸展

图 4 - 5　多功能辅助缓冲器摩擦力测量示意图

1—加载横梁；2—展开弹簧；3—内筒；4—中筒；5—支座

其余主要球铰和万向节的展开摩擦力测量的示意图如图 4 - 6 所示。将主缓冲器和单功能辅助缓冲器的组合体安装在试验工装上，将测力计安装在多功能辅助缓冲器和主缓冲器之间的球铰位置，而后通过测力计拉动主缓冲器，使其匀速运动，记录相关的载荷值。该载荷为单功能辅助缓冲器端部万向节、单功能辅助缓冲器和主缓冲器之间的连接球铰以及主缓冲器端部万向节的摩擦力之和。

图 4 - 6　球铰和万向节展开摩擦力测量

1—试验工装；2—试验件

4.3.2　测试过程分析与结果处理

在图 4 - 5 中，设展开弹簧的作用力为 F'，多功能辅助缓冲器展开摩擦力为 f'_1，试验机加载横梁向下运动时测得的载荷为 F'_1，试验机加载横梁向上运动时测得的载荷为 F'_2，内筒等运动部件所受重力之和为 G，则 F'_1、F'_2 为

$$F'_1 = F' + f'_1 - G \tag{4-11}$$

$$F'_2 = F' - f'_1 - G \tag{4-12}$$

由式（4 - 11）和式（4 - 12）可得

$$f'_1 = (F'_1 - F'_2)/2 \tag{4-13}$$

由式（4 - 13）可得，展开摩擦力 f'_1 可由试验机加载横梁向下和向上运动时测量的载荷 F'_1 和 F'_2 的差值来获得，与重力 G 没有任何关系，因此，该方法在理论上可以完全避免由于重力 G 的作用而对摩擦力测量产生的影响。

假设图 4 - 6 测得的展开摩擦力为 f'_3。由第 3 章图 3 - 4 可知，单功能辅助缓冲器端部的万向节、单功能辅助缓冲器和主缓冲器之间的连接球铰与多功能辅助缓冲器的对应部分完全一样，因此，可以认为着陆缓冲机构展开过程中各球铰和万向节的摩擦力之和 f'_2 为

$$f'_2 \approx 2f'_3 \tag{4-14}$$

在式（4-14）中，主缓冲器与结构连接的万向节的摩擦力被重计，但考虑到该万向节摩擦力的独立测量比较困难，且其摩擦力较小，工程上可以认为式（4-14）是成立的。整个着陆缓冲机构展开过程中的摩擦力 f' 为

$$f' = f'_1 + f'_2 = f'_1 + 2f'_3 \qquad (4-15)$$

某多功能辅助缓冲器展开摩擦力测量结果如图4-7所示。测试前多功能辅助缓冲器处于展开状态，测试开始后，试验机加载横梁匀速向下运动，在接触到多功能辅助缓冲器瞬时，产生一个较大的接触力，即图4-7所示的位移为0 mm处的尖峰载荷。随着展开弹簧压缩量的增大，多功能辅助缓冲器逐渐收拢，弹簧力逐渐增大，因此 F'_1 的数值也线性增大。在多功能辅助缓冲器到达锁定位置后，加载横梁停止向下运动。随后加载横梁开始向上运动，多功能辅助缓冲器逐渐展开，展开弹簧压缩量越来越小，弹簧力逐渐下降，因此，F'_2 的数值线性减小，在展开到位瞬时，由于钢球锁的动作，导致瞬时的冲击，因此在位移为0 mm位置再次出现一个较大的冲击载荷。试验机向下、向上运动过程中两条作用力曲线形成的差值就是 $F'_1 - F'_2 = 2f'_1$，即多功能辅助缓冲器展开摩擦力的2倍。从图4-7中可以看出，该多功能辅助缓冲器展开过程中的摩擦力较为稳定。

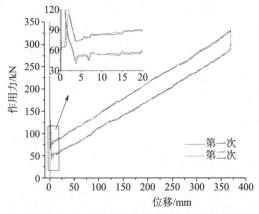

图4-7　多功能辅助缓冲器展开摩擦力测量结果

图 4-6 的测试结果如图 4-8 所示，图中为 3 次测试采集的曲线。由图 4-8 可以看出，展开过程中摩擦力 f'_3 也是比较稳定的，且 f'_3 的数值远小于 f'_1 的数值。因此，对于类似的着陆缓冲机构，在分析展开摩擦力影响时，可以忽略 f'_3 的影响。这也说明了一般情况下滑动副的摩擦力远大于转动副的摩擦力。

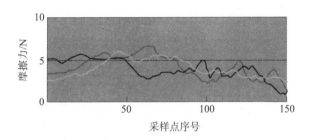

图 4-8 球铰及万向节展开摩擦力测试结果

4.4 主缓冲器缓冲性能试验

该试验也属于组件级试验。主缓冲器是着陆缓冲机构的主要缓冲组件，其缓冲能力一般为辅助缓冲器的数倍，对于着陆缓冲机构缓冲性能的影响巨大，因此，需要通过专门的试验对其缓冲性能进行验证。通过该试验还可以考核多段铝蜂窝串联使用时的变形情况，特别是考核相应的铝蜂窝导向、隔离措施的有效性，以及缓冲器结构在冲击载荷作用下是否会发生相应的变形损伤以及具有相对运动的配合面之间的润滑措施是否有效等。主缓冲器的缓冲特性试验一般也在专用的冲击台上进行，如图 4-9（a）所示。把主缓冲器与相应的工装连接到一起，并按主缓冲器不同工作状态时可能的倾斜角度进行安装。试验时将工装提升到预期的高度，而后释放，着陆过程中工装的动能被主缓冲器吸收。通过相应的冲击加速度传感器、位移传感器测量相应的冲击响应及主缓冲器的行程。图 4-9（b）所示为多段铝蜂窝串连使用时出现的某个蜂窝不规则变形的情况，进而导致主缓冲器不能充分发挥缓冲作用。图 4-9（c）为铝蜂窝之间的隔离、导向措施改进后的情况，可以看出采取改进措施后，即使串联铝蜂窝的数量增加，也能保证各铝蜂窝的规则变形，从而使各铝蜂窝的缓冲能力得到充分发挥，缓冲力的稳定性也大大提高。

（a）主缓冲器安装情况　　（b）铝蜂窝不规则变形　　（c）铝蜂窝规则变形

图 4 - 9　主缓冲器缓冲性能试验

1—主缓冲器；2—传感器

典型主缓冲器冲击输入—输出的载荷曲线如图 4 - 10 所示。由图 4 - 10 可知，在主缓冲器的作用下，一个作用时间较短、冲击较大的输入，变为一个作用时间较长、冲击较小的输出，缓冲器起到了良好的缓冲作用。

为了考核主缓冲器缓冲性能的稳定性，一般在同一工况下，即相同的安装方式、相同的投放高度等条件下，进行多次试验，观察输入、输出曲线的一致性。每次试验后对主缓冲器以及工装的外观进行检查，对相应的测量数据进行判读，并更换已变形的铝蜂窝等，而后进行下一次试验。

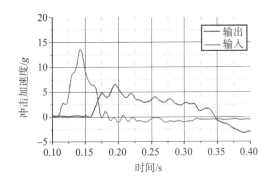

图 4-10　典型主缓冲器冲击输入—输出的载荷曲线

4.5　足垫承载及缓冲能力试验

该试验也属于组件级试验。足垫作为对着陆缓冲机构进行有效支撑的部件，同时兼有辅助缓冲和着陆指示的附加功能。为了检验其支撑、缓冲和着陆指示的有效性，需要通过法向加载、横向加载及触发试验等进行验证。

法向加载试验用于验证足垫承受着陆冲击的能力，要求在法向加载下，足垫保持完好，不出现撕裂等现象。法向加载试验的方案如图 4-11 所示，试验设备采用通用的万能试验机，由于试验机只能在竖直方向上加载，因此把足垫倾斜一定角度，以模拟着陆时主缓冲器对足垫的作用力方向。为了保证足垫底部均匀承载，可以把足垫底面粘接在试验工装上，然后将试验工装与试验台面固定，同时，试验工装的倾斜角度可调，以模拟在不同着陆面坡度下着陆时主缓冲器对足垫的作用情况。在足垫盆体上表面的铝蒙皮上，粘贴相应的应变片，监测加载过程中应力的变化。试验过程中施加到规定的最大载荷后，便停止加载，检查足垫加载部位是否产生变形损伤。

横向加载试验用于验证着陆时足垫的辅助缓冲能力，要求在横向加载下，足垫周边能够发生预期的变形。横向加载试验方案如图 4-12所示，也是在万能试验机上完成的。通过测试足垫在不同形状

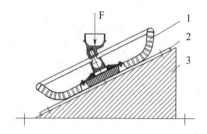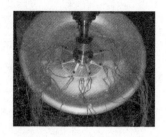

图 4 - 11　足垫法向加载试验

1—足垫；2—转接工装；3—倾斜支撑工装

工装作用下的缓冲能力，来验证着陆时足垫与不同形状障碍物碰撞的辅助缓冲能力。与足垫法向加载试验不同，该试验把足垫旋转到竖直平面内，在球头上安装一个"L"形连杆，实现与试验机夹头的连接。加载过程中，用固定支架支撑足垫底部，以模拟着陆过程中着陆面对足垫的支撑作用，避免加载过程中足垫失稳。在足垫的下边缘设置不同形状的工装，截面形状如图 4 - 13 所示，包括平面、内三角和外三角等多种类型。试验时缓慢加载，记录载荷—位移曲线，直到足垫边缘完全损坏为止。然后把足垫旋转一定角度，更换形状不同的工装，对未发生变形的足垫边缘进行下一次试验，以充分利用有限的足垫试验件。

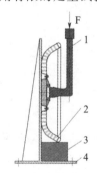

图 4 - 12　足垫横向加载试验

1—L形连接杆；2—足垫；3—工装；4—固定支架

图 4 - 13　工装截面形状

图 4 - 14 为足垫横向加载时的载荷—位移曲线，该曲线对应的工装为平面。由图 4 - 14 可知，随着位移的增大，加载过程中的载荷—位移曲线平缓上升，这充分说明足垫侧向具有良好的缓冲能力。

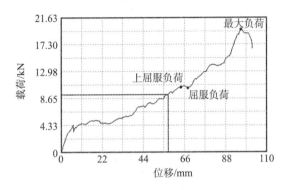

图 4 - 14　工装为平面时的载荷—位移曲线

另外，为了在足垫接触着陆面的瞬间给出相应的信号，有时在足垫的底部还安装相应的开关，如第 3 章图 3 - 14 所示。为了验证开关的有效性，需要在模拟不同的着陆工况下对开关进行相应的触发试验，即通过对簧片施加不同的压力，反复触发开关。开关的类别不同，触发的试验方案也不一样。

4.6　压紧释放装置试验

该试验也属于组件级试验。压紧释放装置有多种[4]，第 3 章图 3 - 4 所示的着陆缓冲机构采用一种解锁螺母实现多功能辅助缓冲器的压紧与释放。为了验证解锁螺母压紧、释放的有效性，需要对其性能进行全面验证。包括螺栓承载能力试验、容腔保压试验、解锁阻力试验、解锁试验、真空发火试验等。

螺栓承载能力试验是在万能试验机上完成的，如图 4-15 所示。该试验的主要目的是验证螺栓的最大承载能力，通过该试验判断承载力是否满足设计要求。试验时按解锁螺母实际的承载情况逐渐加载，直到相应的部位断裂。将断裂时的载荷与需要的最大压紧载荷及预紧载荷的和进行比对，即可判断是否能够实现可靠压紧。

图 4-15　承载能力试验

容腔保压试验则是为了检验解锁螺母的密封性能，避免火工品发火时由于燃气泄漏而导致压力过小，从而使解锁螺母无法解锁。试验时一般通过高压气瓶向容腔中充气，达到预期的最大压力后关闭阀门，在一定时间内观察压力表数值的变化。当压力变化不大于规定的数值时，就认为产品合格。该方法简单有效，也适合其他类似火工装置的漏率检查。有时为了精确测量漏率大小，也采用氦质谱检漏仪对解锁螺母的容腔进行检漏。

解锁阻力试验则是为了测量解锁螺母解锁时的阻力大小，确保火工品发火后，由燃气压力对活塞产生的推动力远大于解锁阻力。该试验一般也是在万能试验机上完成的，通过相应的工装，对活塞施加相应的推力，记录活塞运动到预定位置过程中所施加的推力的最大值，该值即为解锁阻力。该试验中活塞与相应壳体的配合要真实，相应的密封圈、剪切销等要安装好，以确保解锁阻力测量的有效性。

解锁试验则是为了检验解锁螺母的解锁性能，是最为重要的试验项目之一。试验时一般把解锁螺母按实际使用状态安装，如安装面的材料、光洁度和拧紧力矩等，均要与实际使用情况一致，而后通电点火，观察解锁情况及解锁后壳体是否有损伤，并测量解锁过程中的冲击大小。解锁螺母解锁后的情况如图 4-16 所示。

图 4-16 解锁螺母解锁后的情况

作为一种火工装置，除了上述试验外，解锁螺母还有其他专项试验，这些试验一般按相应的火工装置的标准执行即可，这里不再赘述。

4.7 整机展开性能试验

4.7.1 试验目的及试验方案

该试验属于整机试验。为了全面验证着陆缓冲机构的展开性能，需要在地面模拟失重状态下进行展开性能试验，以判断着陆缓冲机构能否可靠展开以及展开过程中的冲击是否满足要求。

该试验在专用的试验设备上完成[5]，包括模拟失重设备、安装支架等。模拟失重设备又包括吊挂支架和随动装置。吊挂支架为随动装置提供支撑。随动装置通过钢丝绳与着陆缓冲机构的质心相连，在着陆缓冲机构展开过程中，随动装置能够随主缓冲器一起运动。它的质量一般较小，以减小其对展开运动的影响。在随动装置中通过恒力弹簧平衡着陆缓冲机构重力对展开过程的影响。恒力弹簧的名义弹力值与着陆缓冲机构的重量相等，这样在展开过程中即使着陆缓冲机构的质心高度有所变化，恒力弹簧的弹力值也会基本保持不变，确保在整个展开过程中始终能够平衡重力的影响，从而达到在模拟失重环境条件下验证着陆缓冲机构展开特性的目的。安装支架则用来提供着陆缓冲机构的安装接口。

测量设备主要包括高速摄像机、加速度计及相应的数据采集与处理设备等，通过高速摄像机对整个展开过程进行摄像，并通过相应的后处理软件得到展开时间、展开速度等参数，通过加速度计测量展开过程中的冲击。试验情况如图 4-17 所示。

4.7.2 试验过程及结果分析

展开试验前首先调整吊挂支架、安装支架以及随动装置，使主缓冲器端部的万向节和单功能辅助缓冲器端部的万向节中心连线与随动装置的转轴重合，且与水平面垂直。而后将着陆缓冲机构与安装支架及随动装置连接，用手轻轻转动着陆缓冲机构，观察随动装

（a）收拢状态 （b）展开状态

图 4 - 17 着陆缓冲机构展开试验

1—高速摄像机；2—随动装置；3—吊挂支架；4—安装支架

置的随动情况，当二者的运动能够基本同步时，就可以认为随动装置符合要求。将高速摄像机安装在试验件的上方，并对解锁螺母的起爆线路等进行导通检查，确保能够可靠供电。而后进行点火展开，同时启动高速摄像机，记录整个展开过程。

工程研制中一般要进行多次展开试验。通过对高速摄像结果的处理，得到展开时间、展开速度等参数，同时通过读取加速度计的测量参数得到展开过程中的冲击情况。每次试验后都要检查各关节的连接情况，观察有无松动等现象发生。

图 4 - 18 为测得的主缓冲器的转动角速度—时间曲线，图 4 - 19 为展开过程中足垫与主缓冲器连接点附近的冲击加速度—时间曲线。

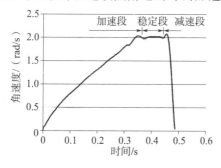

图 4 - 18 主缓冲器转动角速度—时间曲线

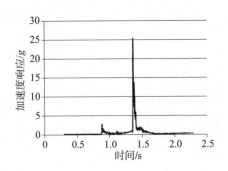

图 4 - 19　　展开过程中冲击加速度—时间曲线

　　由图 4 - 18 可以看出，在整个展开过程中，着陆缓冲机构主缓冲器的转动可以分为三个阶段，即加速段、稳定段和减速段。如第 3 章图 3 - 4 所示，解锁螺母解锁后，在展开弹簧的驱动下，多功能辅助缓冲器的内筒相对于外筒快速向外伸展，从而推动主缓冲器加速转动，这一过程对应了主缓冲器转动角速度—时间曲线中的加速段。加速段末端的小幅波动主要是由于展开弹簧与内筒之间的摩擦、随动装置与主缓冲器的运动不同步以及机构内部关节的间隙等因素造成的。随着展开过程的进行，展开弹簧的驱动力矩逐渐下降，与相应的阻力矩基本平衡，主缓冲器的转速趋于稳定，曲线进入稳定段。当内筒伸展到预定位置时，内筒与中筒锁定，主缓冲器的转动在瞬间停止，展开结束，该过程对应了曲线中的减速段。减速段的角速度波动，主要是由于锁定时机构关节间的间隙引起的。

　　图 4 - 19 中包含两个波峰，第一个峰值较低的波峰是由解锁螺母解锁时的冲击引起的，第二个波峰则是由着陆缓冲机构展开后锁定时的冲击引起的。为了控制锁定时的冲击，在着陆缓冲机构多功能辅助缓冲器的内部应设置相应的缓冲组件。

　　为了保证展开的可靠，有时要求在展开的全过程中，展开弹簧的驱动力都要大于展开的阻力，即不允许出现图 4 - 18 中的稳定段，这可以通过适当增加弹簧的弹力值来实现。值得注意的是这往往会导致更大的锁定冲击。

4.8　整机缓冲性能试验

4.8.1　试验目的和试验方案

　　该试验也属于整机试验。缓冲性能是着陆缓冲机构的核心性能，因此需要在地面开展大量的试验对其缓冲性能进行全面的验证。通过缓冲性能试验不仅要获得着陆缓冲机构在各种工况下的缓冲性能及其极限缓冲能力，而且还要对足垫的支撑能力、侧向变形能力以及触发开关在着陆时的触发性能等进行验证。

　　该试验一般也在专用的试验台上完成。试验台由导轨、释放装置、吊篮、限位保护墩和测力平台等组成，如图 4 - 20 所示。试验时将着陆缓冲机构与吊篮相连，吊篮用于模拟着陆时的质量，它通过释放装置（挂弹钩）与起吊装置相连，可沿导轨在竖直方向移动。通过调整配重的重量、吊篮与着陆缓冲机构的安装接口以及投放高度等，保证施加在着陆缓冲机构上的冲击能量、冲击载荷及其与着陆面之间的相对姿态满足要求。为了准确测量着陆时的冲击载荷，一般在模拟着陆面的下面安放专用的 6 维测力平台，在主缓冲器和辅助缓冲器与吊篮的接口处设置相应的测力传感器，分别用于测量主缓冲器、辅助缓冲器对吊篮的作用力。通过高速摄像机对着陆过程进行拍摄，以进一步观察、分析着陆过程中各缓冲器的拉、压变形情况。着陆缓冲过程中，由安装在足垫及吊篮上的冲击加速度传感器记录相应的冲击输入及冲击响应情况。限位保护墩对吊篮起到限位作用，防止由于误释放而可能对产品造成的损伤。

　　试验过程中，通过在测力平台的上表面设置多种不同形状的障碍物，并控制足垫与障碍物的相对位置，来模拟着陆时足垫可能遇到的各种特殊的地形地貌，并考核特殊地形地貌情况下足垫的支撑能力及侧向缓冲特性，如图 4 - 21 所示。

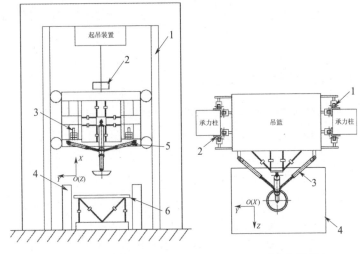

（a）试验台正视图　　　　　（b）试验台俯视图

1—导轨；2—释放装置；3—吊篮和配重；　　　1—滑轮；2—导轨；

4—限位保护墩；5—试验件；6—测力平台　　　3—试验件；4—测力平台

图 4-20　冲击试验台及试件安装

图 4-21　着陆地貌模拟

通过在测力平台的上表面铺设多种不同的材料，来模拟着陆区地形平缓但摩擦系数不同的情况，如图 4-22 所示。通过将着陆缓冲机构直接落入填有模拟月壤的沙箱，并控制箱内模拟月壤的密实程度、模拟月壤的深度、沙箱的截面尺寸等，来验证着陆时足垫的支撑力及其下陷情况，同时还可以验证触发开关能否正确给出相应的指示信号，如图 4-23 所示。

图 4-22　着陆区月面摩擦系数模拟

图 4-23　沙箱模拟月面支撑力

在试验过程中，为了模拟着陆器以不同姿态着陆时着陆缓冲机构的缓冲情况，可以将着陆缓冲机构相对吊篮旋转不同的角度，如图 4-24 所示，这对于辅助缓冲器的承载能力的考核是非常重要的。

该试验可以准确控制着陆时的竖直速度、着陆面地形地貌及其摩擦系数、着陆面机械承载能力、着陆姿态等条件。通过上述试验条件的有机组合，可以对着陆缓冲机构的缓冲性能进行系统、全面、准确、有效的验证。

（a）着陆前

（b）着陆后

图 4-24　着陆缓冲机构相对着陆面的不同姿态模拟

4.8.2　试验过程及结果分析

缓冲试验前首先要检查相应的试验工装、试验仪器与试验设备，确保其处于完好状态。而后将着陆缓冲机构安装到吊篮上，同时安装好各种传感器，连接信号线并进行导通检查，确保传感器连接及导通可靠。特别是位于足垫上的冲击传感器的安装，更要注意其可靠性，因为该传感器往往因为安装不当而在着陆冲击的作用下脱落。

而后按要求的着陆质量调整配重，并调整吊篮与导轨的相对位置，确保吊篮沿导轨运动灵活。再次检查吊篮的释放装置，以确保能够正常释放。调整高速摄像位置、镜头和灯光，以确保可以得到清晰的图像。

提升吊篮至预定的投放高度，触发释放装置，实施投放。通过数据采集系统记录相关试验数据，并通过高速摄像机拍摄着陆缓冲的全过程。而后对试验后的着陆缓冲机构进行外观检查，更换已变形的缓冲元件，准备下一次试验。

实际工程研制中，一般在正式试验前进行一次小量级的预试验，以便对试验的全过程进行一次演练，发现可能存在的问题并予以纠正，确保正式试验能够达到预期的目标。

试验过程中需要记录的数据包括配重的质量、提升的高度、主缓冲器及辅助缓冲器的缓冲行程、足垫及吊篮中心的冲击响应加速度数值、缓冲材料的变形情况、足垫的变形情况等。图 4-25、图 4-26 分别为某次试验时足垫与吊篮中心的冲击加速度—时间曲线以及多次试验后足垫的变形情况。

由于足垫的加工难度较大，成本较高，且其缓冲能力一般只用来应对特殊的着陆情况，因此，在实际试验时，即使足垫周边发生明显的变形，只要其具备支撑能力，仍可继续使用。有时甚至用刚性的模拟足垫代替真实足垫进行缓冲试验，以节约试验成本。除上述缓冲材料及足垫周边的变形外，其他组件的变形是不允许的。

值得注意的是，该试验不能模拟带有水平速度的着陆情况，也

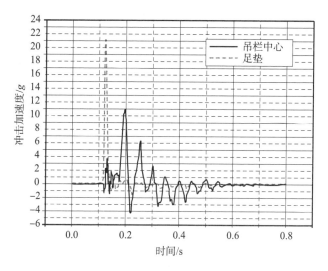

图 4 - 25　足垫与吊篮中心的冲击加速度—时间曲线

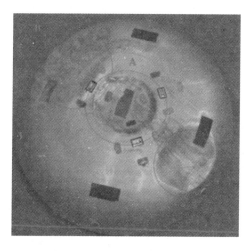

图 4 - 26　试验后足垫变形情况

不能模拟在水平速度作用下着陆缓冲机构的整体滑移情况。在模拟
着陆区特殊地形地貌时，要特别注意障碍物设置的位置要合理，既
要避免由于位置设置不合理而使足垫无法与障碍物发生碰撞，又要

避免由于障碍物的存在而使足垫向外滑移的距离过大，而使辅助缓冲器的拉伸超出预定的情况，以确保验证的有效性，避免可能出现的欠试验，或者过试验，以及由于过试验而导致的着陆缓冲机构的损毁。

4.9　整机环境试验

4.9.1　力学环境试验

　　该试验也属于整机试验。力学环境试验主要用于考核着陆缓冲机构能否承受发射段的力学载荷，例如压紧是否松动，受力较大的部位是否存在严重的应力集中而导致零部件变形或开裂。在进行力学环境试验时，着陆缓冲机构外部的热控多层也要包覆好，以保证产品的试验状态与发射状态完全一致，确保试验验证的全面性和有效性。

　　该试验在振动台上进行。试验时着陆缓冲机构通过相应的工装与振动台相连，要保证试验工装具有足够的刚度，即确保工装的基频远大于着陆缓冲机构的基频，以避免二者可能产生的共振。为达到此目的，工装的设计和加工一般由经验丰富的试验承担单位来负责。着陆缓冲机构的设计师要把产品的外形及相关的接口尺寸与工装设计师进行充分的沟通，以确保工装与产品之间的连接接口满足要求。着陆缓冲机构与工装连接时，要保证紧固件的强度等级满足要求，同时还要采取相应的防松措施，以避免由于连接失效而导致的试验故障。在连接完成后，还要根据试验需要在着陆缓冲机构的相应部位粘接传感器，如加速度传感器、应变片等，以便对试验过程中相应部位的响应和变形情况进行监测。在试验工装上也要粘接相应的传感器，以准确控制试验时的振动输入，避免欠试验或过试验的情况发生，实现全面、准确验证产品性能的目标。

　　正式试验前，一般先进行一次预期频段内的低量级正弦扫描试验，而后开始正式试验。某个方向的力学试验完成后再重复一次低量级的正弦扫描试验，如果两次低量级扫描时的响应情况没有明显变化，就可以认为监测位置处没有出现异常现象。除了上述试验监测外，试验后还要对产品外观进行全面检查，观察是否出现变形、开裂、松动等现象。全部试验顺利完成后，一般还要进行一次展开试验，验证机构的展开性能是否受到力学环境的影响。图 4 - 27 为着陆缓冲机构力学试验的情况。

为了便于准确判断不同研制阶段、不同批次或同批次不同着陆缓冲机构的试验结果，在试验过程中对试验工装上的振动控制点以及着陆缓冲机构上的响应点的位置要进行严格控制并拍摄记录，关键位置点的控制要做到完全一致。否则，可能带来相应的试验误差，导致试验结果难以比对。

图 4 - 27　着陆缓冲机构力学试验

试验应严格按给定的加载曲线进行加载。但有时可能会在某个频段出现产品响应过大的现象，此时要和总体技术人员及相关专家协商，判断是否需要降低振动的输入量级，即实施"下凹"处理。实施"下凹"的前提是试验输入的量级确实比发射段运载产生的振动量级大。决不能盲目下凹，以避免欠试验情况的发生。

4.9.2　真空热试验

真空热试验主要用于考核着陆缓冲机构在真空热环境下能否正常工作，如能否正常展开并给出相应的信号、能否正常缓冲等。对于真空热环境下缓冲性能的考核，主要通过缓冲材料的相关试验来实现。

真空热试验一般在真空罐中完成，着陆缓冲机构通过专用工装实现与真空罐的固定，如图 4-28 所示。为保证工装与试件、工装与真空罐的连接合理，该工装的设计、加工一般也由试验单位来承担。在工装与真空罐连接时要充分考虑升温及降温过程中着陆缓冲机构受热的均匀性，同时设置好温度控制点，以便对试验环境温度和试件的温度进行全面监控，避免试验过程中出现产品局部过热或过冷的现象，以及由此导致的产品损伤。

图 4-28　着陆缓冲机构真空热试验

　　试验前一般首先将试件与工装连接好，而后将二者一起通过相应的导轨推入真空罐中，并将工装与真空罐固定好，粘接相应的温度控制点，连接相应的信号线、解锁螺母等火工装置的供电线，并进行导通检查。检查无误后，关闭真空罐，开始抽真空，当真空度达到要求后，按给定的升降温曲线进行升降温控制，直到升降温的循环次数满足要求为止。

　　为了考核着陆缓冲机构在真空热环境下的展开性能，在相应的升降温活动完成后，有时还要在真空罐中进行一次展开试验，并利用高速摄像机通过相应的观察窗对展开过程进行拍摄。随后将真空罐回温至室温并保温足够时间后打开真空罐，对产品进行全面详细的检查。有时在打开真空罐前还要向罐内充入干燥的氮气，以防止空气中的水蒸气在产品上结露，避免对产品性能产生负面影响。

4.10　多机联合性能试验

　　多机联合性能试验，即验证多套着陆缓冲机构联合工作性能的试验，也是极其重要的试验。根据模拟条件的不同，可以把它分为两项试验，即着陆缓冲能力试验及着陆稳定性试验，以全面检验着陆缓冲机构与模拟着陆器装配后的缓冲能力以及抗倾倒能力。前者在试验中要模拟可能的着陆姿态、着陆速度、着陆面特殊形貌、着陆面力学特性、最大着陆质量及相应的转动惯量等。后者在试验中除要模拟可能的着陆姿态、着陆速度、着陆面特殊形貌、最小着陆质量及相应的转动惯量外，还要准确模拟着陆时的重力加速度。因为重力加速度不同，翻倒过程中势能的变化就会不同，翻倒的难易情况也就不一样。重力加速度越小，质量越小，翻倒过程中势能的变化越小，越容易翻倒。

4.10.1　着陆缓冲能力试验

　　着陆缓冲能力试验主要用于考核多套着陆缓冲机构组合使用时

的缓冲能力，有时也称为组合缓冲能力试验。试验时将多套着陆缓冲机构按预定的方式与模拟着陆器安装到一起，而后起吊到一定的高度，以一定的水平速度和姿态释放，验证着陆缓冲机构的缓冲情况。该试验的起吊或投放方式可以分为滑道式、双摆式等，其中滑道式试验的示意图见图 4 - 29。试验时把模拟着陆器吊装到滑道的上端，通过电磁解锁装置 I 将模拟着陆器与滑轨相连，通过电磁解锁装置 II 将滑轨与固定架相连。投放时电磁解锁装置 II 首先解锁，释放滑轨，当滑轨滑落到预定位置后，电磁解锁装置 I 解锁，使模拟着陆器按期望的速度和姿态着陆。

　　通过调整螺纹可以实现倾角 A 的调整，从而实现投放速度的控制。通过模拟着陆器与滑轨的连接关系，如在二者之间增加一定形状的垫块，可实现投放姿态的控制。

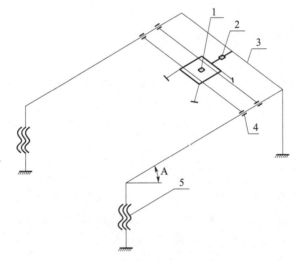

图 4 - 29　　滑道式试验示意图

1—电磁解锁装置 I；2—电磁解锁装置 II；3—固定架；4—滑轨；5—调整螺纹

　　双摆式试验的示意图见图 4 - 30，试验时将模拟着陆器通过电磁解锁装置与双摆杆相连，双摆杆为平行四边形机构，在其摆动过程中，其下表面始终保持水平。根据预期的着陆速度，通过卷扬机把模拟着陆器拉偏至一定的角度，而后释放卷扬机，让双摆杆自由摆动，当其下表面摆动到最低位置时，电磁解锁装置解锁，从而释放模拟着陆器，使其按期望的速度和姿态着陆。

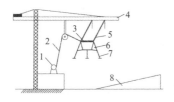 

（a）试验原理示意图　　　　　　　（b）试验的起吊与着陆

1—卷扬机；2—牵引绳；3—姿态调节装置；　1—着陆缓冲机构；2—模拟着陆器；

4—T形支架；5—双摆杆；6—模拟着陆器；　　3—姿态调节装置；4—双摆杆；

7—着陆缓冲机构；8—模拟月面　　　　　　　5—T形支架；6—模拟月面

图 4-30　双摆式试验

姿态调节装置可以实现绕三个正交轴的旋转角度的调整，从而可以模拟着陆时的不同姿态。通过控制双摆杆摆角的大小，可以模拟不同的水平着陆速度。通过控制投放高度，可以模拟不同的垂直着陆速度。通过在地面铺设专用的模拟土壤，可以模拟不同着陆面的机械特性。通过在着陆场设置相应的凸起、凹坑，可以模拟着陆面的地形地貌。通过上述模拟量的有机组合，可以模拟多种可能条件下的着陆情况。

为了准确测量着陆缓冲的实际情况，一般在模拟着陆器的相关位置及着陆缓冲机构的足垫上粘贴相应的冲击加速度传感器，测量冲击的输入与输出情况。有时还通过相应的力传感器将着陆缓冲机构与模拟着陆器相连，直接测量着陆缓冲机构对模拟着陆器的冲击力，如图 4-31 所示。通过多台高速摄像机同时在不同的角度记录着陆过程，并利用相应的三维影像处理软件对图像进行处理，进而得到着陆姿态、着陆速度等物理量。通过测量缓冲器长度的变化、铝蜂窝变形情况等，得到相应的缓冲行程。

该试验要模拟、测量的物理参数很多，试验实施的难度很大，代价很高，因此，该试验要结合相应仿真试验的结果来开展，仅针对那些恶劣的、典型的着陆工况进行有限次数的试验验证。

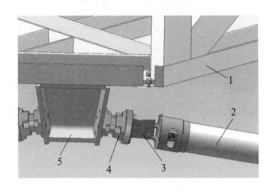

图 4-31　　着陆缓冲机构对模拟着陆器的冲击力测量

1—模拟着陆器；2—辅助缓冲器；3—法兰；4—力传感器；5—转接工装

某次模拟着陆器在带有凹坑的斜坡上着陆时的试验结果如图 4-32 所示。试验时将模拟着陆器投放到凹坑边缘，随后两个足垫滑移到凹坑内，模拟着陆器的姿态偏转加剧，在随后的滑移过程中，由于凹坑对足垫滑移的约束作用，模拟着陆器停止滑动。这是一种十分严酷的着陆工况。

　（a）着陆瞬时　　　　　（b）沿地面滑动　　　　（c）缓冲结束

图 4-32　　着陆过程高速摄像照片

该试验中足垫的冲击载荷—时间曲线如图 4-33 所示，模拟着陆器与主缓冲器连接处的冲击载荷—时间曲线如图 4-34 所示。通过这两个曲线的对比可以发现，在着陆缓冲机构的缓冲作用下，将足垫受到的作用时间约 10 ms 的瞬时冲击载荷，平滑为作用时间约

100 ms 较平缓的冲击载荷，从而显著降低了冲击载荷的影响。

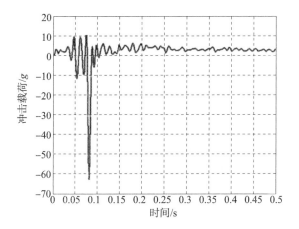

图 4 - 33　足垫的冲击输入载荷—时间曲线

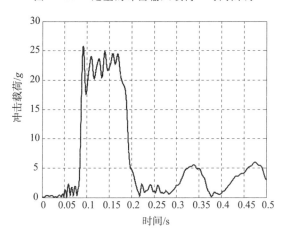

图 4 - 34　模拟着陆器所受冲击载荷—时间曲线

　　该试验中模拟土壤的制备一般是在土壤力学专家的指导下实施[6-7]，根据对目标星体表面土壤情况的认识，从颗粒级配、密度、含水量、内摩擦角等多方面进行控制，从而利用地面土壤来模拟着陆星体表面的土壤。该工作往往是一项十分艰苦、繁琐的工作。

　　为了考核在坚硬表面着陆时情况，有时直接将模拟着陆器投放到水泥地面上。

　　由于该试验一般在室外进行，所以要特别注意传感器的保护，避免因潮湿或灰尘污染而损坏传感器，保证测量结果的准确性。

4.10.2　着陆稳定性试验

　　着陆稳定性试验主要用于考核着陆器能否在预期的着陆条件下稳定着陆，该试验实施的关键在于着陆面重力加速度的模拟。着陆面重力加速度模拟的常见方法有配重法、倾斜法等[4]。配重法主要由着陆器、吊挂滑轮、吊绳及配重等组成，如图 4 - 35 所示。在吊挂滑轮的支撑下，配重通过和着陆器结构质心相连的吊绳与着陆器结构形成一个完整的系统。假设系统没有摩擦，则整个系统的加速度，即着陆器的加速度为

$$g' = \frac{M-m}{M+m}g \qquad (4-16)$$

式中　　g' ——着陆器的加速度，即要模拟的着陆表面的重力加速度；

　　　　M ——着陆器与着陆缓冲机构的质量和；

　　　　m ——配重的质量；

　　　　g ——地球表面重力加速度。

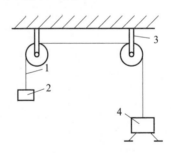

图 4 - 35　配重法

1—吊绳；2—配重；3—吊挂滑轮；4—着陆器

　　由公式（4 - 16）可得

$$m = \frac{g - g'}{g + g'}M \qquad (4-17)$$

由公式（4-17）可以得到配重的质量 m 。另外考虑到

$$h = \frac{v_V^2}{2g'} \qquad (4-18)$$

式中　h ——着陆缓冲机构足垫距地面的初始距离；

　　　v_V ——模拟的竖直着陆速度。

根据希望的竖直着陆速度，可利用公式（4-18）求出初始高度 h 。试验时，把着陆器提升到预期的高度 h ，然后解锁释放，系统作初速度为零、加速度为 g' 的运动，当足垫着陆时着陆器的速度正好为 v_V 。另外，为了减小配重牵引对着陆器倾倒趋势的影响，吊挂着陆器的绳索要尽可能地长。

配重法的缺点是难以模拟水平着陆速度，同时由于摩擦的存在以及绳索的变形，会给试验带来一定的误差。

倾斜吊挂法如图 4-36 所示，在忽略足垫与倾斜着陆面之间摩擦的情况下，有下式成立

$$g' = g\sin\alpha \qquad (4-19)$$

其中，α 为倾斜着陆面与竖直面之间的夹角，g'、g 的意义同上。由式（4-19）可得

$$\alpha = \arcsin\frac{g'}{g} \qquad (4-20)$$

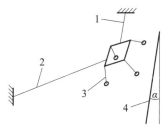

图 4-36　倾斜吊挂法

1—吊挂缆绳；2—释放缆绳；3—着陆器；4—着陆面

通过控制着陆面与竖直面之间的夹角 α，就可以模拟预期着陆面的重力加速度 g'。另外，通过竖直方向的吊挂缆绳和水平方向的释放缆绳，可以方便地模拟着陆时的垂直速度和水平速度。该方法的缺点是当要模拟的加速度 g' 较小时，着陆面与竖直面之间的夹角 α 很小，导致在模拟加速度 g' 的同时，难以模拟着陆面土壤的机械特性。另外，为了减小吊挂对试验结果的影响，吊挂缆绳也要尽可能地长。

该试验中对于着陆面形貌的模拟以及其他物理量的测量方法，与着陆缓冲能力试验中的相应方法相似。

图 4 - 37 为某着陆稳定性试验情况。在该试验过程中，通过设置相应的凸起来模拟着陆器在不平坦表面着陆时的情况。

图 4 - 37　某着陆稳定试验的现场照片

4.11　可靠性鉴定试验

针对着陆缓冲机构的压紧释放、展开锁定、着陆缓冲、着陆指示等性能的可靠性指标要求，在工程研制过程中，除了进行可靠性分析和预计外，还要通过可靠性鉴定试验，来定量验证着陆缓冲机构实际达到的可靠性指标，以便确切说明其可靠度是否满足要求。可靠性鉴定试验的关键环节有三个，即评价可靠度的特征量、可靠性鉴定试验方案及可靠性评估方法的确定，可靠性鉴定试验的具体实施方案一般没有特殊之处，一般可以按上述试验中的某一项试验的方案实施。

4.11.1 释放可靠性鉴定试验

4.11.1.1 可靠性模型及特征量分析确定

着陆缓冲机构一般通过火工压紧释放装置实现压紧与释放。一种典型的火工压紧释放装置——解锁螺母如图 4 - 38 所示，它主要由火工动力源和执行机构组成，其中火工动力源包括两个电起爆器，执行机构包括密封圈 I、密封圈 II、活塞、弹簧、剪切销、套筒、螺母瓣、螺栓等。

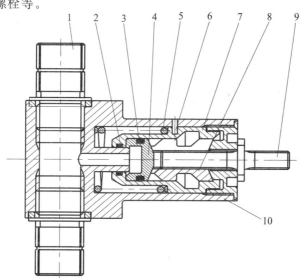

图 4 - 38 解锁螺母的组成

1—电起爆器；2—密封圈 I；3—密封圈 II；4—活塞；5—弹簧；

6—剪切销；7—套筒；8—螺母瓣；9—螺栓；10—壳体

在释放过程中着陆缓冲机构的主要故障模式是解锁螺母未解锁，该故障由电起爆器未起爆或执行机构运动失败而引起。解锁螺母由 2 个互为冗余的电起爆器和执行机构串联组成。鉴于电起爆器一般为成熟产品，其发火可靠度可由相关产品手册直接获得，所以只需针对执行机构的工作可靠性进行试验验证。解锁螺母的可靠性框图如图 4 - 39 所示。

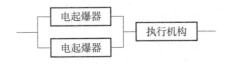

图 4 - 39　着陆缓冲机构解锁释放可靠性框图

由图 4 - 39 易知，其可靠性模型可由式（4 - 21）表示

$$R'_{释放} = [1 - (1 - R_{起爆})^2]R_{执行} \qquad (4 - 21)$$

其中，$R'_{释放}$、$R_{起爆}$ 和 $R_{执行}$ 分别为着陆缓冲机构解锁释放可靠度、电起爆器的发火可靠度和执行结构的工作可靠度。

由于执行机构的动作结果是解锁成功或解锁失败，属于典型的成败型动作。可以按照传统成败型计数试验对执行机构进行可靠性评估，但这种方法所需要的试验件的数量是巨大的，如表 4 - 1 所示。

表 4 - 1　　解锁螺母成败型试验所需试验量

可靠度	置信度	试验中允许失败的次数	试验总次数（解锁螺母数量）
0.999 67	0.70	0	3 648
		1	7 391
	0.9	0	6 977
		1	11 786

从表 4 - 1 可以看出，在置信度 $\gamma = 0.7$ 的情况下，要保证解锁螺母的可靠度不小于 0.999 67，最少需要进行 3 648 次解锁试验，且无一失败。若允许试验中仅有一次解锁失败，则至少需要进行 7 391

次解锁试验。在置信度 $\gamma = 0.9$ 的情况下，所需解锁螺母的数量更多。如果实际工程研制中按这种方法进行可靠性鉴定试验，那么所需的试验费用之多、试验周期之长都是无法承受的，因此，需要寻找更为高效、更为可行的可靠性鉴定试验方案与评估方法。

考虑到执行机构的工作原理，即电起爆器产生的高压燃气通过活塞、套筒与壳体之间的空隙作用于套筒上，当燃气压力大于解锁阻力（即剪切销剪切力、弹簧弹力及轴向摩擦力的合力）时，便可以推动套筒运动，解除对螺母瓣的约束，进而解除对螺栓的约束，实现解锁螺母的解锁及着陆缓冲机构的释放。即只要解锁瞬间的燃气压力大于解锁阻力，执行机构就能完成解锁动作，所以执行机构的工作可靠度等同于解锁瞬间燃气压力大于解锁阻力的概率。因此，可以通过燃气压力和解锁阻力对执行机构的工作可靠性进行评估，而且这种方法更能直观地表达解锁螺母的解锁能力。

对于实际的燃气压力，可以通过安装有相应起爆器，且与解锁螺母具有相同容积的模拟件的点火来获得。对于实际的解锁阻力，可以在万能试验机上获得。虽然正常的解锁过程是通过燃气压力急剧增大而在瞬间完成的，而解锁阻力的测试则通过缓慢加载的方式获得，但两种方式下的解锁阻力相差并不大。因此，可靠性特征量可以选取解锁螺母的燃气压力 X 和最大解锁阻力 Y，特征量的容许限为燃气压力 X 大于最大解锁阻力 Y，即 $X > Y$，特征量分布规律假定为正态分布（试验后可用 GB/T 4882 中的检验法检验假设的正确性）。

4.11.1.2 试验基本方案

释放可靠性鉴定试验的主要内容可以分为两部分，即电起爆器发火产生的燃气压力的测试和执行机构的最大解锁阻力的测试。

（1）燃气压力测试

解锁螺母采用双电起爆器冗余备份和殉爆设计，只要其中一个电起爆器正常发火，另一个电起爆器就能被殉爆。因此，可认为执行机构是在两个电爆器的燃气压力推动下完成解锁动作的。由于解锁螺母解锁瞬间的容腔容积为密封的静态空间，因此，按解锁螺母的初始容腔设计相应的模拟件，把电起爆器和相应的模拟件装配后进行点火试验，测试其中的燃气压力，每次试验中的压力最大值即可认为是解锁螺母的燃气压力 X。该试验的原理如图 4-40 所示。

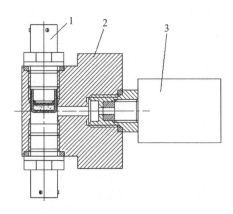

图 4-40　解锁螺母燃气压力测试原理图
1—电起爆器；2—容腔模拟件；3—测压传感器

（2）最大解锁阻力测试

由于解锁阻力受活动部件之间摩擦特性以及螺栓预紧力等诸多因素的影响，特别是后者对解锁阻力的影响显著。因此，在最大解锁阻力测试时，首先按要求的拧紧力矩把解锁螺母拧紧在模拟工装上，模拟工装的材料和表面光洁度与预期使用的安装结构完全一致，以保证测试时螺栓承受的拉力与实际使用时完全相同。而后利用万能实验机加载，推动活塞运动，记录解锁过程中推力的数值，每个解锁螺母解锁过程中推力的最大值即为最大解锁阻力 Y。该测试的方法与 4.6 节压紧释放装置试验中解锁阻力试验的方法相同。

4.11.1.3　可靠性评估方法

（1）单套着陆缓冲机构释放可靠性评估

将燃气压力 X 和最大解锁阻力 Y 均视为服从正态分布的随机变量，则可以根据应力—强度干涉理论对单套着陆缓冲机构的释放可靠度进行评估。

假设共进行了 m 次燃气压力的测试，得到相应的燃气压力数据 x_i（ $i = 1, 2, \cdots, m$ ，这里 m 一般为 30 左右）；同时进行了 n 次最大解锁阻力测试，得到相应的最大解锁阻力测试数据 y_i（ $i = 1, 2, \cdots, n, n$ 的值与 m 的值相近），则其样本均值和标准差分别为

$$\overline{x} = \frac{1}{m} \sum_{i=1}^{m} x_i \ , \ \overline{y} = \frac{1}{n} \sum_{i=1}^{n} y_i \tag{4-22}$$

$$s_x = \sqrt{\frac{\sum_{i=1}^{m} (x_i - \overline{x})^2}{m-1}} \ , \ s_y = \sqrt{\frac{\sum_{i=1}^{n} (y_i - \overline{y})^2}{n-1}} \tag{4-23}$$

令解锁螺母的解锁动力余量为

$$Z = X - Y \tag{4-24}$$

则其均值和方差的估计量分别为

$$\overline{z} = \overline{x} - \overline{y} \tag{4-25}$$

$$s^2 = s_x^2 + s_y^2 \tag{4-26}$$

由于执行机构的可靠度为

$$R = P\{X > Y\} \tag{4-27}$$

即

$$R = P\{Z > 0\} \tag{4-28}$$

根据二维单侧容限系数方法，解锁螺母解锁动力余量 Z 的可靠度 R 、置信度 γ 的百分位值单侧置信下限为

$$z_{\mathrm{RL}} = \overline{z} - ks = \overline{x} - \overline{y} - k \sqrt{s_x^2 + s_y^2} \tag{4-29}$$

其中，k 为单侧容限系数，可由下式计算[8]

$$k = \frac{u_R + u_\gamma \sqrt{\dfrac{1}{n_e}\left(1 - \dfrac{u_\gamma^2}{w}\right) + \dfrac{u_R^2}{w}}}{1 - \dfrac{u_\gamma^2}{w}} \sqrt{\frac{2\nu - 1}{2\nu - 2}} \tag{4-30}$$

$$w = 2\left(\nu + u_\gamma - 0.64 - \frac{1}{\sqrt{\nu + u_\gamma - 0.64}}\right) \tag{4-31}$$

其中，$n_e = \dfrac{s_x^2 + s_y^2}{\dfrac{s_x^2}{m} + \dfrac{s_y^2}{n}}$，$\nu = n_e - 1$ 分别为 $\bar{z}$ 和 s^2 的自由度，分别为标准

正态分布的 R 分位数和 γ 分位数。

根据式（4-27）～式（4-29）可得，置信度 γ 下，执行机构的可靠度单侧置信下限为

$$R'_{\text{执行}} = \Phi\left(\frac{\bar{z}}{s} \sqrt{\frac{2\nu - 2}{2\nu - 1}} - u_\gamma \sqrt{\frac{1}{n_e} + \frac{\overline{z^2}(2\nu - 2)}{s^2 w(2\nu - 1)}} \right) \quad (4-32)$$

再结合两个电起爆器并联后的发火可靠度，由式（4-21）即可得到单套着陆缓冲机构的释放可靠度 $R'_{\text{释放}}$。

（2）着陆缓冲机构的系统释放可靠性评估

考虑到一般情况下四套着陆缓冲机构成组使用，每一套着陆缓冲机构均正常释放才认为系统正常释放，任意一套着陆缓冲机构未释放，均认为系统释放失败。因此，四套着陆缓冲机构可以看作串联系统，根据串联系统可靠性评估的 L-M（Lindstrom-Maddens）法，可得到置信度 γ 下系统的释放可靠度 $R_{\text{释放}}$。

首先，分别计算着陆缓冲机构的发火可靠度点估计（两个电起爆器并联的工作可靠度点估计）和运动可靠度点估计（执行机构的工作可靠度点估计），分别记为 $\hat{R}'_{\text{发火}}$ 和 $\hat{R}'_{\text{执行}}$。同样，可以得到置信度为 γ 时，着陆缓冲机构的发火可靠度单侧置信下限和运动可靠度单侧置信下限 $R'_{\text{发火}}$、$R'_{\text{执行}}$。

其次，将非成败型数据转换为成败型数据。设 $N'_{\text{发火}}$ 和 $S'_{\text{发火}}$ 分别为着陆缓冲机构的发火可靠性试验的等效试验次数和等效成功次数，则 $N'_{\text{发火}}$ 和 $S'_{\text{发火}}$ 可以通过下式求解

$$\begin{cases} S'_{\text{发火}} = N'_{\text{发火}} \hat{R}'_{\text{发火}} \\ \int_0^{R'_{\text{发火}}} x^{S'_{\text{发火}} - 1}(1 - x)^{N'_{\text{发火}} - S'_{\text{发火}}} \, \mathrm{d}x = (1 - \gamma) \int_0^1 x^{S'_{\text{发火}} - 1}(1 - x)^{N'_{\text{发火}} - S'_{\text{发火}}} \, \mathrm{d}x \end{cases}$$

$$(4-33)$$

同理，根据 $\hat{R}'_{\text{执行}}$ 和 $R'_{\text{执行}}$ 可以得到着陆缓冲机构运动可靠性试验的等效试验次数 $N'_{\text{执行}}$ 和等效成功次数 $S'_{\text{执行}}$。

于是，着陆缓冲机构释放功能的等效试验次数 $N'_{释放}$ 和等效失败次数 $F'_{释放} = N'_{释放} - S_{释放}$ 可由下式求得

$$\begin{cases} N'_{释放} = \min\{N'_{发火}, N'_{执行}\} \\ F'_{释放} = N_{释放}\left(1 - \dfrac{S'_{发火}}{N'_{发火}} \cdot \dfrac{S'_{执行}}{N'_{执行}}\right) \end{cases} \quad (4-34)$$

根据上式求得的 $N'_{释放}$、$F'_{释放}$ 及规定的置信度 γ，通过查找国家标准、国家军用标准中相应的表格，即可求得着陆缓冲机构在置信度 γ 时的释放可靠度单侧置信下限 $R'_{释放}$。

在查找相应的标准时，由于 $N'_{释放}$、$F'_{释放}$ 一般不是整数，因此，需要通过线性插值得到 $N'_{释放}$、$F'_{释放}$ 对应的可靠度。具体步骤为：

1）在 $N'_{释放}$、$F'_{释放}$ 附近分别取两个相邻的正整数 N_1、N_2 和 F_1、F_2，使 $N_1 < N'_{释放} < N_2$，$F_1 < F'_{释放} < F_2$；

2）按照成功数 N_1、失败数 F_1 和 F_2，分别查找相关标准，得到置信度 γ 下失败数 F_1 和 F_2 对应的可靠度单侧置信下限 R_{11} 和 R_{12}；

3）根据 R_{11} 和 R_{12}，通过线性插值可以得到成功数 N_1、失败数 $F'_{释放}$ 的可靠度单侧置信下限 R_1；

4）对于成功数 N_2、失败数 F_1 和 F_2 重复步骤2）～3），同样可以由线性插值得到成功数为 N_2、失败数为 $F'_{释放}$ 的可靠度单侧置信下限 R_2；

5）根据失败数为 $F'_{释放}$，成功数分别为 N_1、N_2 的可靠度单侧置信下限 R_1 和 R_2，由线性插值可以得到成功数 $N'_{释放}$、失败数 $F'_{释放}$ 下的可靠度单侧置信下限，即为着陆缓冲机构的解锁释放可靠度单侧置信下限 $R'_{释放}$。

四套着陆缓冲机构可以看作串联系统，根据相同单元所组成系统的可靠性评估方法可知，置信度 γ 下四套着陆缓冲机构的系统释放可靠度 $R_{释放}$ 置信下限为

$$R_{释放} = R'^{4}_{释放} \quad (4-35)$$

（3）可靠性评估误差与试验次数分析

根据最大解锁阻力和燃气压力的测试结果可以得到，动力余量

Z（$Z = X - Y$）的变异系数 C_v 为

$$C_v = \frac{s}{\bar{z}} = \frac{\sqrt{s_x^2 + s_y^2}}{\bar{x} - \bar{y}} \tag{4-36}$$

变异系数 C_v 表征了动力余量的无量纲分散程度。

解锁螺母解锁动力余量百分位值估计量为

$$\hat{z}_R = \bar{z} - u_R s \tag{4-37}$$

即动力余量以概率 R 大于 $\hat{z}_R$，其估计的相对误差上限 δ 可由式（4-37）计算[9]

$$\delta = \frac{t_{\gamma/2}(\nu)C_v \sqrt{\dfrac{1}{n_e} + u_R^2(c^2 - 1)}}{1 + u_R c C_v} \tag{4-38}$$

其中，$t_{\gamma/2}(\nu)$ 是自由度为 ν 的 t 分布上 $\gamma/2$ 分位数，$c = \sqrt{\dfrac{\nu}{2}} \Gamma\left(\dfrac{\nu}{2}\right) / \Gamma\left(\dfrac{\nu+1}{2}\right) \approx \sqrt{\dfrac{2\nu-1}{2\nu-2}}$ 为标准差估计量 s 的修偏系数，$\Gamma(\cdot)$ 为伽马函数。根据试验结果，由式（4-37）即可得到可靠性评估的相对误差上限 δ。对于预先给定的误差限 δ_0，要保证可靠性评估的误差上限 δ 不大于 δ_0，所需的最少试验次数 n 可由式（4-39）计算

$$n = \frac{t_{\gamma/2}^2(\nu)C_v^2}{\delta_0^2(1 + u_R c C_v)^2 - t_{\gamma/2}^2(\nu)u_R^2 C_v^2(c^2 - 1)} \tag{4-39}$$

工程实践中一般取 $\delta_0 = 5\%$。

需要指出的是，在工程研制过程中，一般首先根据式（4-39）求得最少试验次数，而后再根据经验估算出试验可能出现的无效次数，二者的和才是可靠性试验的实际最少次数，据此准备相应的试验件，而后进行相应的试验，测量、记录相应的物理量，根据式（4-32）、式（4-34）和式（4-35）等进行相应的可靠性评估。

4.11.2　展开可靠性鉴定试验

4.11.2.1 可靠性模型及特征量分析确定

以第 3 章图 3-4 所示的着陆缓冲机构为例，着陆缓冲机构展开

过程中的故障模式有两种，即多功能辅助缓冲器未展开到位或展开后未能锁定，前者主要是由于展开阻力过大或展开动力不足而导致的，后者则主要是由于钢球锁未落锁而引起的。由于着陆缓冲机构的展开过程就是展开弹簧的驱动力克服各运动副的摩擦阻力做功的过程，理论上只要展开弹簧提供的驱动能量大于摩擦所消耗的能量，就可以实现着陆缓冲机构的顺利展开。根据能量守恒定律，只要着陆缓冲机构在落锁时刻的展开速度大于零，就表明展开弹簧提供的驱动能量大于摩擦所消耗的能量，着陆缓冲机构即可实现展开锁定。因此，着陆缓冲机构的展开可靠度可以通过测试其落锁时刻的展开速度来评价。

考虑到上述着陆缓冲机构的展开原理，其展开可靠性特征量的容许限为：落锁时刻的展开速度大于 0，即 $V > v_L$，$v_L = 0$，特征量分布规律假设为正态分布（试验后可用 GB/T 4882 中的检验法检验假设的正确性）。

4.11.2.2　试验基本方案

如图 4-41 所示，着陆缓冲机构展开锁定过程中，多功能辅助缓冲器需要克服落锁阻力才能使钢球落入凹槽，实现锁定。由图 4-19 可知，第二个展开加速度峰值到来时刻所对应的速度为落锁时刻的速度，只要该速度值大于零，就表明着陆缓冲机构能够顺利展开并可靠锁定。实际工程研制中，为了确保可靠锁定，该速度的取值可以适当增大。

展开可靠性试验可以按 4.7 节展开性能试验的方案实施。在实际工程研制时，如果可靠性试验的产品状态与 4.7 节试验时的产品状态完全一致，那么 4.7 节试验得到的相关数据也可以用于展开可靠性的评估。

4.11.2.3　展开可靠性评估

（1）单套着陆缓冲机构展开可靠性评估

假设通过 m 次展开试验得到了相应的展开速度数据 v_i（$i = 1, 2,$

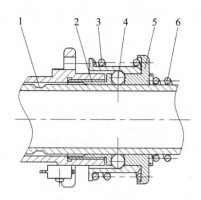

图 4 - 41　　多功能辅助缓冲器锁定原理图

1—凹槽；2—锁舌；3—锁簧；4—钢球；5—锁环；6—展开弹簧

$\cdots, m$ ），则落锁时刻展开速度的均值和标准差分别为

$$\overline{v} = \frac{1}{m} \sum_{i=1}^{m} v_i \qquad (4-40)$$

$$s = \sqrt{\frac{\sum_{i=1}^{m} (v_i - \overline{v})^2}{m-1}} \qquad (4-41)$$

从而可以得到二维单侧容限系数 k

$$k = \frac{u_R + u_\gamma \sqrt{\frac{1}{m}\left(1 - \frac{u_\gamma^2}{w}\right) + \frac{u_R^2}{w}}}{1 - \frac{u_\gamma^2}{w}} \sqrt{\frac{2\nu - 1}{2\nu - 2}} \qquad (4-42)$$

式中 $\nu = m - 1$ 为 s^2 的自由度，w 可由式（4-31）计算，则置信度 γ 下，着陆缓冲机构的展开可靠度置信下限 $R'_{展开}$ 为

$$R'_{展开} = \Phi\left(k^* \sqrt{\frac{2\nu - 2}{2\nu - 1}} - u_\gamma \sqrt{\frac{1}{n_e} + \frac{k^{*2}(2\nu - 2)}{w(2\nu - 1)}}\right) \quad (4-43)$$

$$k^* = \frac{\overline{v} - v_L}{s} \qquad (4-44)$$

把测得的数据代入式（4-40）～式（4-44）即可求出单套着陆缓冲机构的展开可靠度。

（2）着陆缓冲机构的系统展开可靠性评估

考虑到一般情况下四套着陆缓冲机构成组使用，每一套着陆缓冲机构均正常展开锁定才认为系统正常展开，任意一套着陆缓冲机构未展开，均认为系统展开失败。因此，与释放可靠性的评估相同，四套着陆缓冲机构可以看作串联系统，根据串联系统可靠性评估的 L - M（Lindstrom - Maddens）法，可得到任意置信度 γ 下系统的展开可靠度 $R_{展开}$。具体评估步骤与 4.11.1.3 节第（2）小节四套着陆缓冲机构的系统释放可靠性评估方法相同，这里不再赘述。

展开可靠性试验次数可采用 4.11.1.3 节第（3）小节的方法确定。在落锁时刻展开速度变异系数保持基本不变的情况下，要将展开可靠性评估的误差控制在 5% 以内，试验的次数要尽量多。也可以边试验，边计算，一旦式（4 - 38）成立，便可以结束试验。

4.11.3　缓冲可靠性鉴定试验

4.11.3.1　缓冲功能的实现及其故障模式

仍以第 3 章图 3 - 4 所示的着陆缓冲机构为例进行说明。在着陆缓冲机构着陆的瞬间，足垫将冲击载荷传递到主缓冲器上，推动主缓冲器的内筒沿外筒向里收缩，使铝蜂窝等吸能材料压缩变形，从而吸收冲击能量，达到缓冲的目的。其中主缓冲器主要用于缓冲垂直于着陆面的纵向冲击载荷，且只具备单向缓冲能力；辅助缓冲器主要用于缓冲沿着陆面方向的横向冲击载荷，且具备拉、压双向缓冲能力。着陆缓冲时的主要故障模式是缓冲器未有效工作。由于在着陆过程中足垫面临的主要问题是强度问题，可以通过适当增大足垫的强度裕度，保证其可靠性要求，因此将其可靠度视为 1。该试验主要通过对主、辅缓冲器的缓冲可靠性进行验证。

4.11.3.2　可靠性特征量的分析与确定

由上述分析可知，只要缓冲器的缓冲行程没有达到设计的最大值，就可以认为缓冲还有效，因此缓冲可靠性试验的特征量可以取

主缓冲器缓冲行程 X_1、多功能辅助缓冲器缓冲行程 X_2 和单功能辅助缓冲器缓冲行程 X_3。特征量分布规律可以认为是正态分布（试验后可用 GB/T 4882 中的检验法检验）。特征量的容许限为：$X_1 <$ x_{1U}、$X_2 < x_{2U}$、$X_3 < x_{2U}$，其中 x_{1U}、x_{2U} 为主缓冲器和辅助缓冲器对应的最大缓冲设计行程，多功能辅助缓冲器缓冲行程 X_2 与单功能辅助缓冲器缓冲行程 X_3 相同。

从冲击能量角度来看，对单套着陆缓冲机构而言，其缓冲情况一般不会超出以下三种极限工况：

1）摩擦系数最大（即足垫不可滑移）情况下，纵向冲击载荷最大；

2）摩擦系数最大（即足垫不可滑移）情况下，横向冲击载荷最大；

3）摩擦系数最小情况下，纵向冲击载荷最大。

其中，第一种工况下，主缓冲器的缓冲行程（压缩量）达到最大值，第二种工况下辅助缓冲器的压缩行程达到最大值，第三种工况下辅助缓冲器的拉伸行程达到最大值。根据缓冲可靠度的定义，在着陆冲击能量相同时，着陆状态越恶劣，则着陆缓冲机构实现缓冲功能的能力就越低，即可靠度越低。可见，其他任意着陆状态的可靠度都不会比这三种极限状态的可靠度低。因此，着陆缓冲可靠性试验主要分为三部分内容：

1）纵向冲击能量最大和摩擦系数最大（即 $+\infty$）情况下的冲击试验；

2）横向冲击能量最大和摩擦系数最大（即 $+\infty$）情况下的冲击试验；

3）纵向冲击能量最大和摩擦系数最小情况下的冲击试验。

4.11.3.3　试验基本方案

该试验的基本方案与 4.8 节缓冲性能试验的方案相同，通过控制足垫与着陆面的相对运动关系实现摩擦系数的控制。具体方案的评判内容如下：

1）试验次数：共进行 m 次缓冲可靠性试验。

2）接收常数：k 可根据 4.11.2.3 节中的式（4-42）计算，其中 m 为每种工况下缓冲可靠性试验次数，R 和 γ 则为给定的可靠性指标和相应的置信度。

3）合格判定数：0，即试验过程中不允许着陆缓冲机构自身发生故障。

4）判断规则：若 $\bar{x}_p + k s_p \leqslant x_{pU}$（$p=1$，2，3），则说明着陆缓冲机构的缓冲可靠性满足指标要求，否则不满足。其中，x_{pU} 为相应的缓冲行程上限值，$\bar{x}_p$ 和 s_p 分别为缓冲行程的样本均值和标准差，可由 4.11.2.3 节中的式（4-40）和式（4-41）计算。

4.11.3.4　缓冲可靠性评估

对于第一种极限工况，共进行 m 次缓冲可靠性试验，测得主、辅缓冲器的缓冲行程分别为 x_{1i}、x_{2i} 和 x_{3i}（$i=1,2,\cdots,m$），则根据正态分布完全数据的可靠性理论，将 4.11.2.3 节中的 v_i、v_L 分别替换为 x_{pi} 和 x_{pU}。由于展开可靠性中考虑的是展开速度不小于下限值 v_L，而缓冲可靠性中考虑的是缓冲行程不大于上限值 x_{pU}，因此，计算中需将式（4-44）取为其相反数，即 $k_p = \dfrac{x_{pU} - \bar{x}_p}{s_p}$（$p=1,2,3$）。因此，可以得到该工况下，对应置信度 γ 的主缓冲器、多功能辅助缓冲器和单功能辅助缓冲器的缓冲可靠度单侧置信下限 R''_1、R''_2、R''_3。

主缓冲器、多功能辅助缓冲器、单功能辅助缓冲器中任意一个缓冲行程超标，都看作是着陆缓冲机构丧失缓冲功能，所以主缓冲器、多功能辅助缓冲器、单功能辅助缓冲器可以看作一个串联系统。

采用 4.11.1.3 节给出的串联系统可靠性评估方法（L-M 法），可以得到该工况下，着陆缓冲机构对应于置信度 γ 的缓冲可靠度置信下限 R'_1。

对于其他两种极限着陆工况，同样可以得到着陆缓冲机构的缓冲可靠度单侧置信下限 R'_2 和 R'_3。

设着陆器共有 q 种着陆状态，其中第 i 种着陆状态出现的概率为

P_i（$i = 1,2,\cdots,q$），且在该着陆状态下单套着陆缓冲机构的缓冲可靠度为 R'_i，则所有着陆状态下单套着陆缓冲机构的缓冲可靠度为

$$R'_{缓冲} = \sum_{i=1}^{q} P_i R'_i \qquad (4-45)$$

由于其他着陆都不会比极限工况下的着陆状态更恶劣，因此，所有着陆状态中任一种着陆工况的缓冲可靠度都不小于极限工况下的缓冲可靠度，即

$$R'_i \geqslant \{R'_1, R'_2, R'_3\} \geqslant \min\{R'_1, R'_2, R'_3\} \qquad (4-46)$$

由于 $\sum_{i=1}^{q} P_i = 1$，令 $R'_{\min} = \min\{R'_1, R'_2, R'_3\}$，则所有着陆状态下单套着陆缓冲机构的缓冲可靠度满足

$$R'_{缓冲} \geqslant \sum_{i=1}^{q} P_i R'_{\min} = R'_{\min} \qquad (4-47)$$

四套着陆缓冲机构的系统缓冲可靠性评估与 4.11.1.3 节中的四套着陆缓冲机构系统释放可靠性评估方法相同，这里不再赘述。

如果 4.8 节试验时的产品状态与可靠性鉴定试验时的产品状态一致，那么 4.8 节试验测得的相关数据也可以用于缓冲可靠度的评估。为保证评估的误差在要求的范围内，同样必须确保试验所需的最少次数满足要求。

4.11.4 着陆稳定性鉴定试验

4.11.4.1 稳定性功能及故障模式分析

着陆过程中着陆器可能会倾倒，从而导致有效载荷无法工作。着陆稳定性是指在给定的初始着陆条件下，保证着陆器不发生倾倒的能力，所以，着陆稳定性也称为抗倾倒性，可用抗倾倒可靠度来表示。在着陆过程中，如果着陆器质心越出翻倒墙，那么着陆器就会发生倾倒。所谓翻倒墙是指着陆器着陆瞬时过任意两个相邻足垫中心的竖直平面，如图 4-42 所示，其中的 1、2、3、4 是指四个足垫的中心。

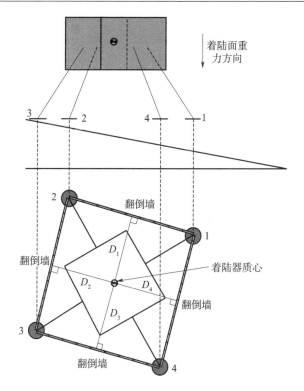

图 4 - 42　着陆器翻倒墙示意图（ $X = \min\{D_1, D_2, D_3, D_4\}$ ）

着陆过程中，着陆器质心到翻倒墙的距离会随着着陆器俯仰角度的变化而变化。从着陆瞬时到着陆器稳定着陆的过程中，着陆器质心到翻倒墙的最小距离越大，意味着抗倾倒能力越强，稳定性越好，如图 4 - 43 所示。因此，着陆器质心到翻倒墙的最小距离可以很好地表征着陆稳定性。

4.11.4.2　可靠性特征量的分析与确定

根据上述分析，着陆稳定性的可靠性特征量可以选取着陆器质心到翻倒墙的最小距离 D ，特征量分布规律假设为正态分布（试验后可用 GB/T 4882 - 2001 中的检验法检验），特征量的容许限：着陆器质心到翻倒墙的最小距离满足 $D > d_U$ ，其中 d_U 为质心到翻倒墙

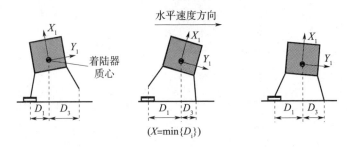

（a）着陆瞬时　　（b）质心到翻倒墙距离最小瞬时　　（c）稳定着陆后

图 4 - 43　　着陆器质心投影到翻倒墙距离示意图

最小距离极限值，其理论值为 0，为确保着陆稳定性，工程上常取一定的安全余量，如取 $d_U = 50$ mm 或 $d_U = 100$ mm。

4.11.4.3　着陆稳定性评估方法

假设在 m 种工况下对着陆器进行了稳定性试验，测得相应的质心到翻倒墙的最小距离 d_i（$i = 1, 2, \cdots, m$）。同时通过动力学仿真模型对每种工况进行仿真分析，得到质心到翻倒墙的最小距离 d_i^*。于是可以得到着陆器质心到翻倒墙最小距离的方差为

$$s_d = \sqrt{\frac{\sum_{i=1}^{m} (d_i - d_i^*)^2}{m - 1}} \qquad (4 - 48)$$

将 4.11.2.3 节中式（4 - 40）至式（4 - 44）的临界值 $\overline{v}$、v_L 分别替换为 d_i^*、d_U，并将式（4 - 44）取为其相反数，即 $k_i = \dfrac{d_U - d_i^*}{s_d}$，则同样可以得到任意着陆状态下，对应于置信度 γ 的抗倾倒可靠度单侧置信下限。其中，抗倾倒极限工况（d^* 最小的工况）下，抗倾倒可靠度单侧置信下限为 $R_{倾倒}$，即为着陆稳定性置信下限的最小值。

由 4.10.2 节可知，着陆稳定性试验的难度很大，费用很高，因此，着陆稳定性鉴定试验一般不单独开展，而是利用 4.10.2 节的稳定性试验的相关数据，并结合第 5 章着陆过程的仿真结果进行评估。

4.11.5　触发指示可靠性鉴定试验

4.11.5.1　触发指示功能及其故障模式

着陆过程中足垫首先接触着陆面，与着陆面发生初始冲击，位于其底部的微动开关被触发，给出相应的信号，如第 3 章图 3 - 14 所示。这一阶段的主要故障模式是微动开关未触发而导致无法给出触发信号。每套着陆缓冲机构的三个开关为并联关系，只要一个开关触发就能给出着陆信号。四套着陆缓冲机构中的任意一个足垫给出着陆信号，就认为触发指示任务成功。

4.11.5.2　可靠性特征量分析与确定

由上述分析可知，可靠性特征量可以选取触发开关的工作寿命 t（即触发次数），特征量分布规律为指数分布。触发失效定义为微动开关压合后未给出触发信号。

触发可靠性可以采用定时截尾无替换方式的寿命试验进行评估。在 n 个试样的寿命试验中，共有 r 个试样发生失效，其失效时间（即是失效前的总触发次数）为 $t_1, t_2, \cdots, t_r$，它们相互独立，且同为指数分布。若预定在 τ 时刻停止试验，其余 $n-r$ 个试样均未失效，则失效数 r 为一随机变量。于是触发开关的总试验时间（即所有试样的总触发次数）为

$$T = (n-r)\tau + \sum_{i=1}^{r} t_i \qquad (4-49)$$

假定单个触发开关给定的工作寿命为 t_0，即 t_0 次触发内触发开关的可靠性均能满足指标要求。根据式（4 - 49），当所有触发开关均未失效时，满足可靠性指标要求的最少的总试验次数为

$$T = \frac{\ln(1-\gamma)}{\ln R} t_0 \qquad (4-50)$$

其中，R 为触发开关可靠性指标。同理，根据式（4 - 49）和式（4 - 50）可以得到，有个 r 触发开关出现失效时，所需的最少总试验次数为

$$T = -\frac{\chi^2_{2(r+1),\gamma}}{2\ln R}t_0 \qquad (4-51)$$

对于单个开关的试验次数，可以按照以下方法计算：

1）假设已经完成了 q 个触发开关的触发试验，已共计触发 T_q 次，且 q 个触发开关中共有 r_q 个发生失效（ $0 \leqslant r_q \leqslant q$ ），则所有触发开关总共需要完成的触发次数为

$$T = -\frac{\chi^2_{2(r_q+1),\gamma}}{2\ln R}t_0 \qquad (4-52)$$

于是，第 $q+1$ 个触发开关需要触发的次数为

$$\tau_{q+1} = \frac{T - T_q}{n - q} \qquad (4-53)$$

式中　n——触发开关的总数。

2）对第 $q+1$ 个触发开关进行 τ_{q+1} 次触发，若该触发开关未发生失效，则继续对第 $q+2$ 个触发开关进行 τ_{q+1} 次触发；若该触发开关发生失效，则按照步骤 1）方法计算第 $q+2$ 个触发开关所需的试验次数 τ_{q+2}，然后进行试验。

3）重复步骤 1）和步骤 2），直至试验结束。

4.11.5.3　可靠性评估方法

假定触发开关给定的工作寿命为 t_0，用定时截尾无替换方式对其进行寿命试验。若单个触发开关规定的截尾时间为 τ，则当试验结束，且 n 个触发开关均能正常给出触发信号（即 $r=0$）时，总试验时间 T 为

$$T = n\tau \qquad (4-54)$$

置信度 γ 下单个触发开关的 MTBF 的置信下限 θ_L 为

$$\theta_L = -\frac{T}{\ln(1-\gamma)} \qquad (4-55)$$

则触发开关的可靠性置信下限 $R''_{触发}$ 为

$$R''_{触发} = \exp\left(-\frac{t_0}{\theta_L}\right) = \exp\left[\frac{t_0}{T}\ln(1-\gamma)\right] = (1-\gamma)^{\frac{t_0}{n\tau}}$$

$$(4-56)$$

如果试验结束时，n 个触发开关中有 r 个失效，则总试验时间 T 为

$$T = \sum_{i=1}^{r} t_i + (n-r)\tau \qquad (4-57)$$

其中 $t_i(i=1,2,\cdots,r)$ 为第 r 个失效触发开关的触发次数，则置信度 γ 下单个触发开关的 MTBF 的置信下限 θ_L 为

$$\theta_L = \frac{2T}{\chi^2_{2(r+1),\gamma}} \qquad (4-58)$$

于是，单个触发开关的可靠性置信下限为

$$R''_{触发} = \exp\left(-\frac{t_0}{\theta_L}\right) = \exp\left[-\frac{\chi^2_{2(r+1),\gamma}}{2T}t_0\right] \qquad (4-59)$$

由于单套着陆缓冲机构由 3 个触发开关并联给出着陆信号，可采取并联系统可靠性评估方法计算单套着陆缓冲机构触发指示的可靠度 $R'_{触发}$。

着陆缓冲分系统由四套着陆缓冲机构组成，任意一套着陆缓冲机构给出着陆触发信号，即认为着陆缓冲分系统触发指示成功。因此，可以根据并联系统可靠性评估方法，得到着陆缓冲机构系统触发指示的可靠度 $R_{触发}$。

4.11.6　全任务阶段的可靠性评估方法

着陆缓冲机构系统全任务阶段的可靠性，可采用串联系统可靠性评估的 L－M 法（4.11.1.3 节）进行评估。具体步骤如下：

通过 4.11.1.3 节的数据转换方法，得到四套着陆缓冲机构组成系统的释放功能等效试验次数 $N_{释放}$ 和等效成功次数 $S_{释放}$、展开功能等效试验次数 $N_{展开}$ 和等效成功次数 $S_{展开}$，以及着陆缓冲功能的等效试验次数 $N_{缓冲}$ 和等效成功次数 $S_{缓冲}$、着陆稳定性功能的等效试验次数 $N_{抗倾倒}$ 和等效成功次数 $S_{抗倾倒}$、触发指示等效试验次数 $N_{触发}$ 和等效成功次数 $S_{触发}$，则四套着陆缓冲机构的全任务阶段等效试验次数 N 和等效失败次数 F 分别为

$$\begin{cases} N = \min\{N_{释放}, N_{展开}, N_{缓冲}, N_{抗倾倒}, N_{触发}\} \\ F = N\left(1 - \dfrac{S_{释放} S_{展开} S_{缓冲} S_{抗倾倒} S_{触发}}{N_{释放} N_{展开} N_{缓冲} N_{抗倾倒} N_{触发}}\right) \end{cases} \tag{4-60}$$

进而采用 4.11.1.3 节给出的二次线性插值方法，可以得到给定置信度 γ 下着陆缓冲机构系统对应于等效试验次数 N 和等效失败次数 F 的全任务阶段的可靠度单侧置信下限 R。

参 考 文 献

［1］ 朱汪，杨建中．月球着陆器软着陆机构着陆稳定性仿真分析［J］．宇航学报，2009，30（5）：1792 - 1796.

［2］ 朱汪，杨建中．月球探测器软着陆机构着陆腿模型与仿真分析［J］．宇航学报，2008，29（6）：1723 - 1728.

［3］ 宋顺广，王春洁．基于蒙特卡洛法的月球探测器着陆稳定性分析［J］．北京航空航天大学学报，2013，39（9）：1192 - 1196.

［4］ 于登云，杨建中，等．航天器机构技术［M］．北京：中国科学技术出版社，2011.

［5］ YANG Jianzhong，ZENG Fuming，XU Qinghua et al. Deployment Characteristics of A New Landing Gear for Lunar Lander［C］. The 64th International Astronautical Conference（IAC），2013.

［6］ 凌道盛，蒋祝金，钟世英，等．着陆器足垫冲击模拟月壤的数值分析［J］．浙江大学学报（工学版），2013，47（7）：1171 - 1177.

［7］ 钟世英，黄根清，戚顺超，等．软着陆足垫与模拟月壤界面特性研究［J］．岩土力学，2013，34（4）.

［8］ 傅惠民．二维单侧容限系数方法［J］．航空学报，1993，14（3）：166 -172.

［9］ 高镇同．疲劳应用统计学［M］．北京：国防工业出版社，1986.

第 5 章 着陆过程仿真分析

5.1 概述

由于着陆缓冲机构着陆过程中的环境复杂、影响因素多，因此，除了通过地面有限次数的物理试验对机构的缓冲性能进行验证外，更多的是利用仿真分析验证机构的性能。通过仿真不仅在设计阶段就可以对机构的性能进行全面深入地分析与评估，而且还可以对机构的方案进行快速优化或再设计。另外，借助仿真还可以对地面物理试验进行预分析，指导试验工况的确定，增强物理试验的针对性、科学性和有效性，避免可能产生的试验件损毁等重大损失。

根据着陆缓冲机构仿真模型的不同，可以把仿真分为数学仿真、物理仿真和物理—数学仿真。数学仿真是利用着陆缓冲机构的数学模型代替实际产品进行相关研究，以获得其运动学、动力学特征和规律。物理仿真是通过对着陆缓冲机构物理模型的研究，全面验证其实际性能。物理—数学仿真是两者的有机结合。随着计算数学和计算机技术的发展，人们越来越多地利用数学模型，并通过计算机进行仿真研究，进而形成计算机仿真技术。计算机仿真的实质是仿真过程的数字化，因此也称为数字化仿真。

航天器着陆缓冲机构作为一种组成较为复杂的多功能机构，影响其动力学性能的因素很多。特别是着陆过程中的碰撞冲击，涉及弹塑性变形耦合及接触等问题，是一个典型的强非线性问题，需要采用柔性多体动力学的建模理论和方法开展相关仿真研究。如何确定相关参数对着陆过程动力学响应的影响趋势及影响程度，确定着陆缓冲机构在可能工况下的安全工作边界，是一个非常困难的问题。

　　影响着陆缓冲机构动力学特性的许多因素都呈现出一定程度的随机性，因此基于不确定性方法的着陆过程动力学分析、机构性能评价与稳健性优化等也是值得研究的重要问题。着陆缓冲机构动力学性能的仿真验证与优化往往是一个反复迭代的过程，如何对着陆缓冲机构的动力学进行快速建模与分析，实现仿真过程集成以及仿真数据的有效管理，提高仿真分析的效率和精度，实现知识的重用与积累，也是着陆缓冲机构动力学分析研究的重要内容。

　　为了实现着陆缓冲机构仿真分析的自动化，进一步提高仿真分析的效率，在上述研究的基础上，还可以开发专用的分析软件，以便更加快捷有效地对着陆缓冲机构的设计方案进行验证与优化。

5.2　着陆缓冲机构参数化建模

　　为了便于着陆缓冲机构优化工作的开展，在仿真分析过程中常采用参数化方法进行建模。该方法着重建立图元之间的联系，通过一组参数来约束零部件几何图形的结构尺寸序列。模型参数与设计对象的控制尺寸之间一般具有显式对应关系，改变参数的序列值，便可驱动模型到新的几何图形，即通过修改三维模型的某些尺寸或者事先定义的参数，自动完成模型中其他相关部分的改动，从而实现对模型的驱动。采用参数化方法可以对模型进行自动重构，可随时对初始模型进行自动修改，从而大大提高分析与设计的效率。

　　通过输入着陆缓冲机构主要特征的尺寸及相对位置等参数，可自动完成机构各零部件的三维建模。通过参数化建模程序，生成符合要求的着陆缓冲机构零部件模型和装配体模型，如图 5-1 所示，同时输出新生成的着陆缓冲机构装配体的质量等属性信息，实现着陆缓冲机构三维模型的参数化驱动和质量特性的自动提取。基于上述思路的参数化建模的流程图如图 5-2 所示。

图 5-1　软着陆机构装配体模型

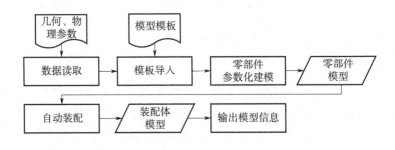

图 5-2　三维参数化建模程序流程图

5.3　着陆缓冲机构动力学分析方法

5.3.1　柔性多体动力学建模方法

由于着陆缓冲机构的尺寸一般较大，且其零件多为薄壁件，因此在进行动力学建模时需要考虑构件的柔性变形对机构动力学特性的影响[1]。同时为了便于机构动力学特性的验证与优化，在动力学特性建模过程中除了要考虑模型的精度外，还要兼顾模型的求解效率。基于浮动坐标框架法的柔性多体系统动力学建模分析方法，不仅计及了构件的大范围刚体运动与弹性变形的耦合，保证了模型的精度，而且简化了建模和求解过程，保证了计算效率，因此，该方法是柔性多体系统动力学建模的常用方法。

5.3.1.1　浮动坐标框架

　　在多刚体系统动力学分析中，基于构件为刚体的假设，通过建立固连于每个构件上某点的连体坐标系，将构件在空间中的运动分解为随连体坐标系原点的平动和绕其三个坐标轴的转动，解决了动力学方程的建立和求解问题。对于柔性体，由于其体内各点的相对位置随柔性体的变形而变化，因此不能简单地通过连体坐标系来描述柔性体在全局坐标系中的方位，而需要采用随柔性体的形变而变化的浮动坐标框架来描述[2]。在浮动坐标框架下，构件的位形可表示为浮动坐标框架的大范围运动与构件相对于浮动坐标框架的微小变形的叠加，如图 5-3 所示。柔性体 B 上任意一点 P 在全局坐标系下的位置矢量可表示为如下形式

$$\boldsymbol{r}_P = \boldsymbol{x} + \boldsymbol{s}_P + \boldsymbol{u}_P \tag{5-1}$$

其中，x 为浮动坐标框架的原点在全局坐标系下的位矢，$\boldsymbol{s}_P$ 为柔性体未变形时 P 点相对于浮动坐标框架原点的位矢，$\boldsymbol{u}_P$ 为变形前后 P 点的相对位矢，即变形矢量。

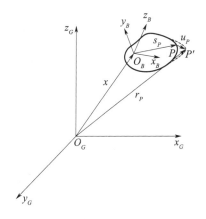

图 5-3　浮动坐标框架中的位形描述

在选取浮动坐标框架时，要尽量减少柔性体的大范围刚体运动与变形运动的耦合，以便于方程组的解耦，同时对柔性体相对变形运动的描述要尽可能线性化，以便于方程的建立和求解。目前常用的浮动坐标框架大多是基于平均轴系条件所建立的。所谓平均轴系条件是指使变形体在所建立的浮动坐标框架下的相对动能最小化，与此等价的条件是柔性体在浮动坐标框架下的相对动量和动量矩在每一瞬时均为零，即

$$\begin{cases} \displaystyle\int_V (\dot{\boldsymbol{s}}_P^B + \dot{\boldsymbol{u}}_P^B)\,\mathrm{d}m = \int_V \dot{\boldsymbol{u}}_P^B\,\mathrm{d}m = 0 \\[2mm] \displaystyle\int_V \left[(\boldsymbol{s}_P + \boldsymbol{u}_P)\times(\dot{\boldsymbol{s}}_P^B + \dot{\boldsymbol{u}}_P^B)\right]\mathrm{d}m = \int_V \left[(\boldsymbol{s}_P + \boldsymbol{u}_P)\times \dot{\boldsymbol{u}}_P^B\right]\mathrm{d}m = 0 \end{cases}$$

$$(5-2)$$

其中 $\dot{\boldsymbol{s}}_P^B$、$\dot{\boldsymbol{u}}_P^B$ 分别为 $\boldsymbol{s}_P$、$\boldsymbol{u}_P$ 在浮动坐标框架 $O_B\text{-}x_By_Bz_B$ 下对时间的一阶导数。当柔性体的变形为线性小量时，变形方向和变形速度共线，于是有

$$\int_V (\boldsymbol{u}_P \times \dot{\boldsymbol{u}}_P^B)\,\mathrm{d}m = 0 \qquad (5-3)$$

则式（5-2）变为

$$\begin{cases} \displaystyle\int_V \boldsymbol{u}_P\,\mathrm{d}m = 0 \\[2mm] \displaystyle\int_V (\boldsymbol{s}_P \times \dot{\boldsymbol{u}}_P^B)\,\mathrm{d}m = 0 \end{cases} \qquad (5-4)$$

在动力学分析中，柔性体的线性变形通常可以近似表示为一系列模态振型向量的线性叠加，即

$$\boldsymbol{u} = \boldsymbol{\Phi}\boldsymbol{q} = \sum_{i=1}^{M} \boldsymbol{\Phi}_i \boldsymbol{q}_i \qquad (5-5)$$

式中 $\boldsymbol{\Phi}$——由各阶振型向量 $\boldsymbol{\Phi}_i$ 所构成的模态矩阵；

$\boldsymbol{q} = \{q_1, q_2, \cdots, q_M\}^T$ 为模态坐标矢量；

M——所取的模态阶数。

当采用模态向量和模态坐标描述柔性体的变形时，相应的平均轴系条件式（5-4）将变为

$$
\begin{cases}
\sum_{i=1}^{M} \Big(\int_V \boldsymbol{\Phi}_i \, dm \Big) q_i = 0 \\
\sum_{j=1}^{M} \Big(\int_V \Big[\big(s_P + \sum_{i=1}^{M} \boldsymbol{\Phi}_i q_i \big) \times \boldsymbol{\Phi}_j \Big] dm \Big) \dot{q}_j^B = 0
\end{cases}
\tag{5-6}
$$

注意到对于自由—自由弹性体，其刚体模态与变形模态满足正交条件，且其各阶变形模态总是满足动量和动量矩守恒，可以证明，若柔性体的初始位置和初始速度均为零，则所有变形模态将满足式（5-6）所示的平均轴系条件[3]，因此可将柔性体的自由—自由刚体模态所形成的线性空间作为浮动坐标框架，称之为刚体模态框架。采用刚体模态框架可以减少广义坐标数目，并有利于方程组的解耦，从而有效降低求解规模。

5.3.1.2 部件模态分析与综合

部件模态分析与综合是多体系统动力学研究的基础之一。通过对多体系统的每个部件进行模态分析，得到各部件的模态集与模态坐标，并建立由模态坐标表示的部件动力学方程，然后利用部件界面连接条件，如位移和力的协调关系等，将各部件的动力学方程集合，进而组成整个系统的动力学方程，而后再进行求解，最后通过模态坐标到物理坐标的变换，获得物理坐标下系统的动力学响应。这一过程称为部件模态分析与综合。由式（5-5）可知，采用模态向量描述柔性体的变形时，通常要进行模态截断，把在响应中贡献较小的模态截去，力求用较少的模态坐标实现柔性体变形的准确表示。此外，由于各部件之间都是通过具有一定约束的界面实现相互连接的，因此，在进行部件模态分析时，还需要考虑到界面约束的性质。为了减少由模态截断而造成的精度损失，并使单个部件的模态分析更接近于其在系统中的真实状态，需要恰当地选取描述部件在系统中变形运动的模态集。目前较为常用的一种部件模态综合法是由 Craig 和 Bampton 提出的固定界面模态综合法[4]，该方法将部件自由度分解为界面自由度 $\boldsymbol{u}_B$ 和内部自由度 $\boldsymbol{u}_I$，此时部件运动的微分方程可写为

$$\begin{bmatrix} \boldsymbol{M}_{BB} & \boldsymbol{M}_{BI} \\ \boldsymbol{M}_{IB} & \boldsymbol{M}_{II} \end{bmatrix} \begin{Bmatrix} \ddot{\boldsymbol{u}}_B \\ \ddot{\boldsymbol{u}}_I \end{Bmatrix} + \begin{bmatrix} \boldsymbol{K}_{BB} & \boldsymbol{K}_{BI} \\ \boldsymbol{K}_{IB} & \boldsymbol{K}_{II} \end{bmatrix} \begin{Bmatrix} \boldsymbol{u}_B \\ \boldsymbol{u}_I \end{Bmatrix} = \begin{Bmatrix} \boldsymbol{f}_B \\ \boldsymbol{0} \end{Bmatrix} \tag{5-7}$$

其中，$\begin{bmatrix} \boldsymbol{M}_{BB} & \boldsymbol{M}_{BI} \\ \boldsymbol{M}_{IB} & \boldsymbol{M}_{II} \end{bmatrix} = [\boldsymbol{M}]$ 为部件的质量矩阵，$\begin{bmatrix} \boldsymbol{K}_{BB} & \boldsymbol{K}_{BI} \\ \boldsymbol{K}_{IB} & \boldsymbol{K}_{II} \end{bmatrix} = [\boldsymbol{K}]$ 为部件的刚度矩阵。

固定界面模态综合法采用两类模态集描述部件的变形，分别称为约束模态和固定界面主模态。约束模态是在一个界面自由度上强加单位位移、并保持其余界面自由度的位移为零的情况下，所得到的部件静态位移矢量；固定界面主模态是在界面固定情况下求解部件特征方程所得的特征矢量。部件物理坐标与模态坐标之间的变换关系为

$$\boldsymbol{u} = \begin{Bmatrix} \boldsymbol{u}_B \\ \boldsymbol{u}_I \end{Bmatrix} = \begin{bmatrix} \boldsymbol{I} & \boldsymbol{0} \\ \boldsymbol{\Phi}_{IC} & \boldsymbol{\Phi}_{IN} \end{bmatrix} \begin{Bmatrix} \boldsymbol{q}_C \\ \boldsymbol{q}_N \end{Bmatrix} \tag{5-8}$$

其中，$\boldsymbol{\Phi}_{IC}$、$\boldsymbol{\Phi}_{IN}$ 分别为约束模态各阶振型向量所构成的矩阵和固定界面主模态各阶振型向量所构成的矩阵，$\boldsymbol{q}_C$、$\boldsymbol{q}_N$ 分别为约束模态坐标和固定界面模态坐标。将部件运动微分方程由物理坐标变换至模态坐标下，可得到

$$\hat{\boldsymbol{M}} \begin{Bmatrix} \ddot{\boldsymbol{q}}_C \\ \ddot{\boldsymbol{q}}_N \end{Bmatrix} + \hat{\boldsymbol{K}} \begin{Bmatrix} \boldsymbol{q}_C \\ \boldsymbol{q}_N \end{Bmatrix} = \boldsymbol{\Phi}^{\mathrm{T}} \begin{Bmatrix} \boldsymbol{f}_B \\ \boldsymbol{0} \end{Bmatrix} \tag{5-9}$$

其中，$\hat{\boldsymbol{M}}$、$\hat{\boldsymbol{K}}$ 分别为部件的广义质量矩阵和广义刚度矩阵，其表达式分别为

$$\hat{\boldsymbol{K}} = \boldsymbol{\Phi}^{\mathrm{T}} \boldsymbol{K} \boldsymbol{\Phi} = \begin{bmatrix} \boldsymbol{I} & \boldsymbol{0} \\ \boldsymbol{\Phi}_{IC} & \boldsymbol{\Phi}_{IN} \end{bmatrix}^{\mathrm{T}} \begin{bmatrix} \boldsymbol{K}_{BB} & \boldsymbol{K}_{BI} \\ \boldsymbol{K}_{IB} & \boldsymbol{K}_{II} \end{bmatrix} \begin{bmatrix} \boldsymbol{I} & \boldsymbol{0} \\ \boldsymbol{\Phi}_{IC} & \boldsymbol{\Phi}_{IN} \end{bmatrix} = \begin{bmatrix} \hat{\boldsymbol{K}}_{CC} & \boldsymbol{0} \\ \boldsymbol{0} & \hat{\boldsymbol{K}}_{NN} \end{bmatrix}$$
$$\tag{5-10}$$

$$\hat{\boldsymbol{M}} = \boldsymbol{\Phi}^{\mathrm{T}} \boldsymbol{M} \boldsymbol{\Phi} = \begin{bmatrix} \boldsymbol{I} & \boldsymbol{0} \\ \boldsymbol{\Phi}_{IC} & \boldsymbol{\Phi}_{IN} \end{bmatrix}^{\mathrm{T}} \begin{bmatrix} \boldsymbol{M}_{BB} & \boldsymbol{M}_{BI} \\ \boldsymbol{M}_{IB} & \boldsymbol{M}_{II} \end{bmatrix} \begin{bmatrix} \boldsymbol{I} & \boldsymbol{0} \\ \boldsymbol{\Phi}_{IC} & \boldsymbol{\Phi}_{IN} \end{bmatrix} = \begin{bmatrix} \hat{\boldsymbol{M}}_{CC} & \hat{\boldsymbol{M}}_{CN} \\ \hat{\boldsymbol{M}}_{NC} & \hat{\boldsymbol{M}}_{NN} \end{bmatrix}$$
$$\tag{5-11}$$

由式（5-10）和式（5-11）可以看出，约束模态与固定界面主模态所构成的模态基并不满足正交条件，为此求解如下特征值问题

$$\hat{K}q = \lambda \hat{M}q \tag{5-12}$$

由式（5-12）可以得到一系列特征矢量，将其组合成矩阵 N，并令 $q = Nq^*$，则表示部件线性变形叠加的公式（5-5）变为

$$u = \sum_{i=1}^{M} \boldsymbol{\Phi}_i q_i = \sum_{i=1}^{M} \boldsymbol{\Phi}_i N q_i^* = \sum_{i=1}^{M} \boldsymbol{\Phi}_i^* q_i^* \tag{5-13}$$

即通过变换矩阵 N，将原始的不满足正交条件的模态基变换为等价的对应新的模态坐标 q^* 的正交化模态基 $\boldsymbol{\Phi}_i^*$。

5.3.1.3　柔性体动力学方程[5]

在部件模态综合法的基础上，将公式（5-1）写为

$$r_P = x + A^{GB}(s_P + \boldsymbol{\Phi}_P q) \tag{5-14}$$

其中，A^{GB} 为用欧拉角表示的浮动坐标框架相对于全局坐标系的方向余弦矩阵，$\boldsymbol{\Phi}_P$ 为从模态矩阵 $\boldsymbol{\Phi}$ 中截取的对应于 P 点平动自由度的 $3 \times M$ 维子矩阵。因此柔性体的广义坐标可以表示为

$$\xi = \left\{ \begin{matrix} \boldsymbol{x} \\ \boldsymbol{\psi} \\ \boldsymbol{q} \end{matrix} \right\} = \left\{ \begin{matrix} x \\ y \\ z \\ \psi \\ \theta \\ \phi \\ q_i, (i = 1, \cdots, M) \end{matrix} \right\} \tag{5-15}$$

其中，$x = \{x, y, z\}^T$，$\psi = \{\psi, \theta, \phi\}^T$ 分别为描述柔性体大范围运动位置和姿态的广义坐标，$q = \{q_1, q_2, \cdots, q_M\}^T$ 为描述柔性体微小变形的模态坐标。根据拉格朗日方程，用上述广义坐标表示的柔性体动力学方程为

$$\frac{\mathrm{d}}{\mathrm{d}t}\left(\frac{\partial L}{\partial \dot{\xi}}\right) - \frac{\partial L}{\partial \xi} + \frac{\partial \Gamma}{\partial \xi} + \left[\frac{\partial \Psi}{\partial \xi}\right]^T \lambda - Q = 0 \tag{5-16}$$

$$\boldsymbol{\Psi} = 0 \tag{5-17}$$

其中，$L = T - V$ 为拉格朗日函数，T、V 分别代表柔性体的动能和势能，Γ 为能量损耗函数，$\boldsymbol{\Psi}$ 为约束方程，$\boldsymbol{\lambda}$ 为拉格朗日乘子矢量，$\boldsymbol{Q}$ 为投影到广义坐标 ξ 上的广义力。

为了计算柔性体的动能，首先需要导出柔性体速度和角速度。将式（5-14）对时间求一阶导数，可得柔性体上任一点相对于全局坐标系的平动速度为

$$\boldsymbol{v}_P = \dot{\boldsymbol{x}} + \dot{\boldsymbol{A}}^{GB}(\boldsymbol{s}_P + \boldsymbol{\Phi}_P q) + \boldsymbol{A}^{GB}\boldsymbol{\Phi}_P \dot{q} \tag{5-18}$$

利用方向余弦矩阵对时间的导数与角速度矢量之间的关系，可将式（5-18）写为

$$\boldsymbol{v}_P = \dot{\boldsymbol{x}} - \boldsymbol{A}^{GB}(\boldsymbol{s}_P \overset{\sim}{+} \boldsymbol{\Phi}_P q)\boldsymbol{\omega}_B^{GB} + \boldsymbol{A}^{GB}\boldsymbol{\Phi}_P \dot{q} \tag{5-19}$$

其中，$\boldsymbol{\omega}_B^{GB}$ 为柔性体大范围转动角速度矢量在浮动坐标框架下的坐标阵，符号"$\sim$"代表反对称算子，用于计算向量的叉积（当"$\sim$"位于"$+$"之上时，表示对两个矢量的和矢量作反对称运算），即

$$\boldsymbol{a} \times \boldsymbol{b} = \begin{bmatrix} 0 & -a_z & a_y \\ a_z & 0 & -a_x \\ -a_y & a_x & 0 \end{bmatrix} \boldsymbol{b} = \tilde{\boldsymbol{a}}\boldsymbol{b} = -\tilde{\boldsymbol{b}}\boldsymbol{a} \tag{5-20}$$

角速度矢量与欧拉姿态坐标及其对时间的导数之间存在以下关系

$$\boldsymbol{\omega}_B^{GB} = \boldsymbol{B}\dot{\boldsymbol{\psi}} \tag{5-21}$$

由式（5-18）～式（5-21）可得，柔性体上任一点相对于全局坐标系的平动速度可写为

$$\boldsymbol{v}_P = \dot{\boldsymbol{x}} - \boldsymbol{A}^{GB}(\boldsymbol{s}_P \overset{\sim}{+} \boldsymbol{\Phi}_P q)\boldsymbol{B}\dot{\boldsymbol{\psi}} + \boldsymbol{A}^{GB}\boldsymbol{\Phi}_P \dot{q}$$

$$= \begin{bmatrix} \boldsymbol{I} & -\boldsymbol{A}^{GB}(\boldsymbol{s}_P \overset{\sim}{+} \boldsymbol{\Phi}_P q)\boldsymbol{B} & \boldsymbol{A}^{GB}\boldsymbol{\Phi}_P \end{bmatrix} \dot{\boldsymbol{\xi}} \tag{5-22}$$

由柔性体微小变形所引起的 P 点相对于浮动坐标框架的微小角位移可表示为

$$\boldsymbol{\theta}_P = \boldsymbol{\Phi}_P^* q \tag{5-23}$$

其中，$\boldsymbol{\Phi}_P^*$ 为从模态矩阵 $\boldsymbol{\Phi}$ 中截取的对应于 P 点转动自由度的 $3 \times M$ 维子矩阵。P 点总的角速度为柔性体大范围转动角速度与微小变形角速度之和，即

$$\boldsymbol{\omega}_P^{GB} = \boldsymbol{\omega}_B^{GB} + \boldsymbol{\omega}_B^{BP} = \boldsymbol{\omega}_B^{GB} + \boldsymbol{\Phi}_P^* \dot{\boldsymbol{q}} \qquad (5-24)$$

在得到柔性体的速度和角速度后，便可计算柔性体的动能，其一般的表达式为

$$T = \frac{1}{2} \int_V \rho \, v^{\mathrm{T}} v \mathrm{d}V \approx \frac{1}{2} \sum_P (m_P \, \boldsymbol{v}_P^{\mathrm{T}} \, \boldsymbol{v}_P + [\boldsymbol{\omega}_P^{GB}]^{\mathrm{T}} \, \boldsymbol{I}_P \, \boldsymbol{\omega}_P^{GB}) \qquad (5-25)$$

其中，m_P、$\boldsymbol{I}_P$ 分别为节点 P 的节点质量和节点惯性张量，将（5-22）、式（5-24）代入式（5-25），得到关于系统广义坐标的柔性体动能表达式为

$$T = \frac{1}{2} \dot{\boldsymbol{\xi}}^{\mathrm{T}} \boldsymbol{M}(\boldsymbol{\xi}) \dot{\boldsymbol{\xi}} \qquad (5-26)$$

其中，$\boldsymbol{M}(\boldsymbol{\xi})$ 为柔性体的广义质量矩阵，将其写成分块形式

$$\boldsymbol{M}(\boldsymbol{\xi}) = \begin{bmatrix} \boldsymbol{M}_{tt} & \boldsymbol{M}_{tr} & \boldsymbol{M}_{tm} \\ \boldsymbol{M}_{tr}^{\mathrm{T}} & \boldsymbol{M}_{rr} & \boldsymbol{M}_{rm} \\ \boldsymbol{M}_{tm}^{\mathrm{T}} & \boldsymbol{M}_{rm}^{\mathrm{T}} & \boldsymbol{M}_{mm} \end{bmatrix} \qquad (5-27)$$

其中，下标 t、r、m 分别对应平动、转动和模态自由度，各分量的具体计算公式可用 9 个惯性时不变矩阵（τ^1，τ^2，…，τ^9）表示，即

$$\begin{cases} \boldsymbol{M}_{tt} = \tau^1 \boldsymbol{I} \\ \boldsymbol{M}_{tr} = -\boldsymbol{A}[\widetilde{\tau^2 + \tau_j^3 q_j}]\boldsymbol{B} \\ \boldsymbol{M}_{tm} = \boldsymbol{A} \tau^3 \\ \boldsymbol{M}_{rr} = \boldsymbol{B}^{\mathrm{T}}[\tau^7 - [\tau_k^8 + (\tau_k^8)^{\mathrm{T}}]q_k - \tau_{jk}^9 q_j q_k]\boldsymbol{B} \\ \boldsymbol{M}_{rm} = \boldsymbol{B}^{\mathrm{T}}[\tau^4 + \tau_j^5 q_j] \\ \boldsymbol{M}_{mm} = \tau^6 \end{cases} \qquad (5-28)$$

惯性时不变矩阵基于柔性体有限元模型中每个节点的质量 m_P、未变形时节点的位置矢量 $\boldsymbol{s}_P$ 以及在部件模态基中的参与量 $\boldsymbol{\Phi}_P$ 等信息计算得到，各惯性时不变矩阵的计算如表 5-1 所示。

表 5 - 1　惯性时不变矩阵列表

惯性时不变矩阵	模态坐标数	维数
$\tau^1 = \sum_P m_P$		（标量）
$\tau^2 = \sum_P m_P s_P$		(3×1)
$\tau_j^3 = \sum_P m_P \boldsymbol{\Phi}_P$	$j = 1, \cdots, M$	$(3 \times M)$
$\tau^4 = \sum_P (m_P \tilde{s}_P \boldsymbol{\Phi}_P + I_P \boldsymbol{\Phi}_P^*)$		$(3 \times M)$
$\tau_j^5 = \sum_P m_P \widetilde{\boldsymbol{\Phi}}_{Pj} \boldsymbol{\Phi}_P$	$j = 1, \cdots, M$	$(3 \times M)$
$\tau^6 = \sum_P (m_P \boldsymbol{\Phi}_P^T \boldsymbol{\Phi}_P + \boldsymbol{\Phi}_P^{*T} I_P \boldsymbol{\Phi}_P^*)$		$(M \times M)$
$\tau^7 = \sum_P (m_P \tilde{s}_P^T \tilde{s}_P + I_P)$		(3×3)
$\tau_j^8 = \sum_P m_P \tilde{s}_P \widetilde{\boldsymbol{\phi}}_{Pj}$	$j = 1, \cdots, M$	(3×3)
$\tau_{jk}^9 = \sum_P m_P \widetilde{\boldsymbol{\phi}}_{Pj} \widetilde{\boldsymbol{\phi}}_{Pk}$	$j, k = 1, \cdots, M$	(3×3)

　　柔性体的势能包括重力势能和弹性势能两部分，可用下式表示

$$V = V_g(\boldsymbol{\xi}) + \frac{1}{2} \boldsymbol{\xi}^T \boldsymbol{K}(\boldsymbol{\xi}) \boldsymbol{\xi} \tag{5-29}$$

　　其中，V_g 代表柔性体的重力势能。对于弹性势能，只有模态坐标 $\boldsymbol{q}$ 对其有贡献，因此可将刚度矩阵 $\boldsymbol{K}$ 分解为

$$\boldsymbol{K}(\boldsymbol{\xi}) = \begin{bmatrix} \boldsymbol{K}_{tt} & \boldsymbol{K}_{tr} & \boldsymbol{K}_{tm} \\ \boldsymbol{K}_{tr}^T & \boldsymbol{K}_{rr} & \boldsymbol{K}_{rm} \\ \boldsymbol{K}_{tm}^T & \boldsymbol{K}_{rm}^T & \boldsymbol{K}_{mn} \end{bmatrix} \begin{bmatrix} \boldsymbol{0} & \boldsymbol{0} & \boldsymbol{0} \\ \boldsymbol{0} & \boldsymbol{0} & \boldsymbol{0} \\ \boldsymbol{0} & \boldsymbol{0} & \boldsymbol{K}_{mn} \end{bmatrix} \tag{5-30}$$

其中，$\boldsymbol{K}_{mn}$ 为对应于广义坐标 $\boldsymbol{q}$ 的部件广义刚度矩阵。

　　重力势能 V_g 可表示为

$$V_g = \int_V \rho\, \boldsymbol{r}_P \cdot \boldsymbol{g} \mathrm{d}V = \int_V \rho\, [\boldsymbol{x} + \boldsymbol{A}^{GB}(s_P + \boldsymbol{\Phi}_P \boldsymbol{q})]^T \boldsymbol{g} \mathrm{d}V$$

$$\tag{5-31}$$

其中，$\boldsymbol{g}$ 为重力加速度矢量，将 V_g 对广义坐标求导可得重力 f_g，即

$$f_g = \frac{\partial V_g}{\partial \boldsymbol{\xi}} = \begin{bmatrix} \left(\int_V \rho \mathrm{d}V\right) \boldsymbol{g} \\ \dfrac{\partial \boldsymbol{A}^{GB}}{\partial \boldsymbol{\xi}} \left(\int_V \rho\, [s_P + \boldsymbol{\Phi}_P \boldsymbol{q}]^T \mathrm{d}V\right) \boldsymbol{g} \\ \boldsymbol{A}^{GB} \left(\int_V \rho \boldsymbol{\Phi}_P^T \mathrm{d}V\right) \boldsymbol{g} \end{bmatrix} \tag{5-32}$$

能量损耗函数 $\varGamma$ 可表示为柔性体阻尼和广义模态速度的函数，即

$$\varGamma = \frac{1}{2}\,\dot{\boldsymbol{q}}^{\mathrm{T}} D \dot{\boldsymbol{q}} \qquad (5-33)$$

其中，$\boldsymbol{D}$ 为柔性体阻尼矩阵，当引入正交模态矢量时，阻尼矩阵可简化为柔性体各阶模态阻尼 c_i 构成的对角阵，c_i 通常以临界阻尼比的形式给出，即

$$c_i = \eta_i c_i^{\sigma} = \eta_i \cdot 2\sqrt{k_i m_i} \qquad (5-34)$$

其中，η_i 为第 i 阶模态阻尼比，c_i^{σ} 为第 i 阶模态的临界阻尼，k_i、m_i 分别为对应于第 i 阶模态的广义刚度和广义质量。

广义力 $\boldsymbol{Q}$ 主要由广义平动力 $\boldsymbol{Q}_T$、广义力矩 $\boldsymbol{Q}_R$ 和广义模态力 $\boldsymbol{Q}_M$ 构成，可表示为

$$\boldsymbol{Q} = \begin{bmatrix} \boldsymbol{Q}_T \\ \boldsymbol{Q}_R \\ \boldsymbol{Q}_M \end{bmatrix} \qquad (5-35)$$

设作用于柔性体上某一点 K 的集中力和力矩在该点局部坐标系下的分量分别为

$$\boldsymbol{F}_K = \begin{bmatrix} f_x \\ f_y \\ f_z \end{bmatrix}, \ \boldsymbol{T}_K = \begin{bmatrix} t_x \\ t_y \\ t_z \end{bmatrix} \qquad (5-36)$$

通过将 $\boldsymbol{F}_K$ 变换到全局坐标系下，可得到广义平动力 $\boldsymbol{Q}_T$，即

$$\boldsymbol{Q}_T = \boldsymbol{A}^{GK} \boldsymbol{F}_K \qquad (5-37)$$

其中，$\boldsymbol{A}^{GK}$ 为点 K 上的局部坐标系相对于全局坐标系的方向余弦阵。由集中力和力矩所引起的作用于柔性体上的总的力矩 $\boldsymbol{T}_{\mathrm{total}}$ 为

$$\boldsymbol{T}_{\mathrm{total}} = \boldsymbol{A}^{GK} \boldsymbol{T}_K + \boldsymbol{s}_K \times \boldsymbol{A}^{GK} \boldsymbol{F}_K \qquad (5-38)$$

其中，$\boldsymbol{s}_K$ 是用全局坐标表示的力作用点相对于浮动坐标框架原点的位置矢量，将 $\boldsymbol{T}_{\mathrm{total}}$ 由物理坐标变换至由欧拉角表示的广义力矩，即

$$\boldsymbol{Q}_R = \left[\boldsymbol{A}^{GB} \boldsymbol{B}\right]^{\mathrm{T}} \boldsymbol{T}_{\mathrm{total}} = \left[\boldsymbol{A}^{GB} \boldsymbol{B}\right]^{\mathrm{T}} \left[\boldsymbol{A}^{GK} \boldsymbol{T}_K + \tilde{\boldsymbol{s}}_K \boldsymbol{A}^{GK} \boldsymbol{F}_K\right] \quad (5-39)$$

通过将集中载荷投影至模态振型上，可得到广义模态力。首先

将 $\boldsymbol{F}_K$、$\boldsymbol{T}_K$ 由局部坐标系变换至浮动坐标框架下，即

$$\boldsymbol{F}_I = (\boldsymbol{A}^{GB})^{\mathrm{T}} \boldsymbol{A}^{GK} \boldsymbol{F}_K, \; \boldsymbol{T}_I = (\boldsymbol{A}^{GB})^{\mathrm{T}} \boldsymbol{A}^{GK} \boldsymbol{T}_K \quad (5-40)$$

然后将 $\boldsymbol{F}_I$、$\boldsymbol{T}_I$ 分别投影到平动和转动模态振型上，从而可得到广义模态力的表达式，即

$$\boldsymbol{Q}_M = \boldsymbol{\Phi}_P^{\mathrm{T}} \boldsymbol{F}_I + \boldsymbol{\Phi}_P^{*\mathrm{T}} \boldsymbol{T}_I \quad (5-41)$$

将通过式（5-26）、式（5-29）、式（5-33）分别求得的 T、V、Γ 代入公式（5-16）便可得到柔性体最终的动力学方程为

$$\boldsymbol{M}\ddot{\boldsymbol{\xi}} + \dot{\boldsymbol{M}}\dot{\boldsymbol{\xi}} - \frac{1}{2}\left[\frac{\partial \boldsymbol{M}}{\partial \boldsymbol{\xi}}\dot{\boldsymbol{\xi}}\right]^{\mathrm{T}}\dot{\boldsymbol{\xi}} + \boldsymbol{K}\boldsymbol{\xi} + \boldsymbol{f}_g + \boldsymbol{D}\dot{\boldsymbol{\xi}} + \left[\frac{\partial \boldsymbol{\Psi}}{\partial \boldsymbol{\xi}}\right]^{\mathrm{T}}\boldsymbol{\lambda} = \boldsymbol{Q}$$

$$(5-42)$$

5.3.2　接触碰撞力学建模

在着陆冲击过程中，由于着陆缓冲机构的运动副存在间隙，从而引起相应的内部碰撞。碰撞问题是一种非定常、变边界的高度非线性动力学问题，对碰撞过程的正确处理是解决多体接触碰撞动力学问题的关键。

5.3.2.1　接触运动学

接触运动学主要研究发生碰撞的两个构件上的接触点位置、接触点之间的距离以及法向相对速度的确定方法等问题。图 5-4（a）所示为两个即将发生碰撞的构件 i 和 j，其上潜在的接触点用 P_i 和 P_j 表示，接触点之间的相对位移矢量表示为如下间隙函数

$$\boldsymbol{g}_1 = \boldsymbol{r}_j^P - \boldsymbol{r}_i^P \quad (5-43)$$

如图 5-4（b）所示，当两构件发生碰撞时，接触平面的法向矢量可通过下式确定

$$\boldsymbol{n} = \frac{\boldsymbol{g}_1}{g_1} \quad (5-44)$$

其中矢量 $\boldsymbol{g}_1$ 的大小为

$$g_1 = \boldsymbol{n}^{\mathrm{T}} \boldsymbol{g}_1 \quad (5-45)$$

式（5-45）为接触点的最小距离条件，此外，接触点还须满足

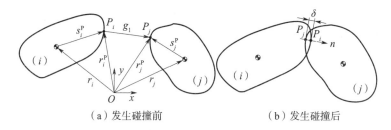

（a）发生碰撞前　　　　　　　　　　　（b）发生碰撞后

图 5-4　接触运动学分析

以下两个几何条件[6]：接触点的法向矢量共线，相对位移矢量与法向矢量共线，即

$$\boldsymbol{n}_i \times \boldsymbol{n}_j = \boldsymbol{0} , \ \boldsymbol{g}_1 \times \boldsymbol{n}_i = \boldsymbol{0} \tag{5-46}$$

通过式（5-43）～式（5-46）便可求解出接触点的位置。在完成碰撞识别后，可进一步确定碰撞时接触部位的相对嵌入量 δ，即

$$\delta = \sqrt{\boldsymbol{g}_1^{\mathrm{T}} \boldsymbol{g}_1} \tag{5-47}$$

将式（5-47）对时间求导，并向接触平面法向投影，即可得到接触点的相对嵌入速度，即

$$v_n = \dot{\delta} = \boldsymbol{n}^{\mathrm{T}}(\dot{\boldsymbol{r}}_j^P - \dot{\boldsymbol{r}}_i^P) \tag{5-48}$$

5.3.2.2　非线性弹簧阻尼碰撞力模型

如图 5-5 所示的非线性弹簧阻尼模型，其碰撞力的一般表达形式为[7]

$$F_n = K\delta^e + D\dot{\delta} \tag{5-49}$$

其中，K 代表接触刚度，e 为非线性指数，D 代表阻尼系数，δ 的意义同上。

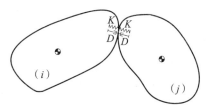

图 5-5　弹簧阻尼接触力模型

式（5-49）中的第一项描述了由接触表面的弹性变形所引起的碰撞力。接触刚度 K 的确定通常基于赫兹弹性接触理论，可表示为与接触表面材料和几何形状参数相关的函数。例如对于两个相互接触的半径分别为 R_i、R_j 的球体，其接触刚度 K 为

$$K = \frac{4}{3(\sigma_i + \sigma_j)} \sqrt{\frac{R_i R_j}{R_i + R_j}} \qquad (5-50)$$

其中，σ_k（$k = i,j$）为与材料的杨氏模量 E_k 和泊松比 υ_k 相关的参数，即

$$\sigma_k = \frac{1 - \upsilon_k^2}{E_k}, \ (k = i,j) \qquad (5-51)$$

若接触的一侧为平面，则接触刚度 K 的计算公式变为

$$K = \frac{4}{3(\sigma_i + \sigma_j)} \sqrt{R_i} \qquad (5-52)$$

式（5-49）中的第二项反映了碰撞过程中的能量损耗，引入迟滞阻尼因子 χ，将阻尼系数表示为

$$D = \chi \delta^n \qquad (5-53)$$

此时碰撞力与相对嵌入量之间的关系如图 5-6 所示。

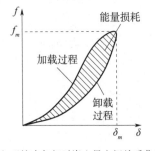
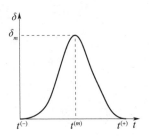

（a）碰撞力与相对嵌入量之间关系曲线　　（b）相对嵌入量随时间变化曲线

图 5-6　引入迟滞阻尼因子的非线性弹簧阻尼力示意图

可以通过动能计算碰撞过程中的能量损失，即

$$\Delta T = \frac{1}{2} \left(\frac{m_i m_j}{m_i + m_j} \right) \left[(\dot{\delta}^{(-)})^2 (1 - c_r^2) \right] \qquad (5-54)$$

其中，m_i、m_j 为碰撞物体的质量，$\dot{\delta}^{(-)}$ 为碰撞初始时的法向相对速度，c_r 为牛顿恢复系数，即碰撞结束和碰撞初始时的相对速度之比，可用下式表示

$$c_r = -\frac{v_i^{(+)} - v_j^{(+)}}{v_i^{(-)} - v_j^{(-)}} = -\frac{\dot{\delta}^{(+)}}{\dot{\delta}^{(-)}} \qquad (5-55)$$

碰撞过程中的能量损失还可根据图 5-6（a）中的迟滞回路对碰撞力求积分而得到，即

$$\Delta T = \oint D \dot{\delta} \mathrm{d}\delta = \oint \chi \delta^n \dot{\delta} \mathrm{d}\delta \approx 2 \int_0^{\delta_m} \chi \delta^n \dot{\delta} \mathrm{d}\delta = \frac{2}{3} \frac{\chi}{K} \left(\frac{m_i m_j}{m_i + m_j} \right) \left[\dot{\delta}^{(-)} \right]^3$$
$$(5-56)$$

联立方程（5-54）、式（5-56）可得迟滞阻尼因子 χ 为

$$\chi = \frac{3K(1 - c_r^2)}{4\dot{\delta}^{(-)}} \qquad (5-57)$$

5.3.3　着陆器着陆过程动力学建模

5.3.3.1　坐标系定义与结构本体动力学分析[8]

着陆器着陆冲击过程中动力学分析坐标系定义如图 5-7 所示。

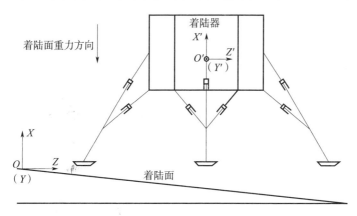

图 5-7　着陆器分析坐标系示意图

（1）着陆星体上的固定坐标系

坐标原点 O：固连于着陆星体的表面；

$+X$ 轴：着陆星体重力反方向；

$+Z$ 轴：与 $+X$ 轴垂直，指向着陆星体表面下坡方向；

$+Y$ 轴：与 X 轴、Z 轴构成右手坐标系。

（2）着陆器本体坐标系

坐标原点 O'：位于结构本体质心处；

$+X'$ 轴：垂直于着陆器与运载火箭对接面，指向结构上方；

$+Z'$ 轴：与 $+X'$ 轴垂直，且位于相对的两套着陆缓冲机构主缓冲器所在的平面内，指向面板方向；

$+Y'$ 轴：与 X' 轴、Z' 轴构成右手坐标系。

根据牛顿第二定律，着陆器结构本体三个平动方向上的动力学方程为

$$M\ddot{X} = F_X - Mg' \,,\; M\ddot{Y} = F_Y \,,\; M\ddot{Z} = F_Z \qquad (5-58)$$

其中，X、Y、Z 分别为着陆器结构本体质心在总体坐标系下的三个坐标分量，F_X、F_Y、F_Z 分别为着陆缓冲机构作用于结构本体的合力在固定坐标系中 X、Y、Z 轴方向上的分量，M 为结构本体质量，g' 为着陆星体表面重力加速度。

着陆器结构在本体坐标系下的三个转动的欧拉方程为

$$
\begin{aligned}
I_{X'}\dot{\omega}_{X'} - \omega_{Y'}\omega_{Z'}(I_{Y'} - I_{Z'}) &= N_{X'} \\
I_{Y'}\dot{\omega}_{Y'} - \omega_{Z'}\omega_{X'}(I_{Z'} - I_{X'}) &= N_{Y'} \qquad (5-59)\\
I_{Z'}\dot{\omega}_{Z'} - \omega_{X'}\omega_{Y'}(I_{X'} - I_{Y'}) &= N_{Z'}
\end{aligned}
$$

其中，$I_{X'}$、$I_{Y'}$、$I_{Z'}$ 分别为着陆器结构相对于本体坐标系中 X'、Y'、Z' 轴的主转动惯量，$\omega_{X'}$、$\omega_{Y'}$、$\omega_{Z'}$ 分别为结构角速度矢量在本体坐标系中 X'、Y'、Z' 轴上的分量，$N_{X'}$、$N_{Y'}$、$N_{Z'}$ 分别为着陆缓冲机构作用于着陆器结构上的合力矩在本体坐标系中 X'、Y'、Z' 轴上的分量。

着陆缓冲机构对着陆器结构的作用力可表示为

$$F_X = \sum_{i=1}^{4}(F_{PX,i} + F_{S1X,i} + F_{S2X,i})$$

$$F_Y = \sum_{i=1}^{4}(F_{PY,i} + F_{S1Y,i} + F_{S2Y,i}) \qquad (5-60)$$

$$F_Z = \sum_{i=1}^{4}(F_{PZ,i} + F_{S1Z,i} + F_{S2Z,i})$$

本体坐标系下，着陆缓冲机构作用于着陆器结构的力矩为

$$N_{X'} = \sum_{i=1}^{4}[(Y'_{P,i}F_{PZ',i} + Y'_{S1,i}F_{S1Z',i} + Y'_{S2,i}F_{S2Z',i}) - (Z'_{P,i}F_{PY',i} + Z'_{S1,i}F_{S1Y',i} + Z'_{S2,i}F_{S2Y',i})]$$

$$N_{Y'} = \sum_{i=1}^{4}[(Z'_{P,i}F_{PX',i} + Z'_{S1,i}F_{S1X',i} + Z'_{S2,i}F_{S2X',i}) - (X'_{P,i}F_{PZ',i} + X'_{S1,i}F_{S1Z',i} + X'_{S2,i}F_{S2Z',i})]$$

$$N_{Z'} = \sum_{i=1}^{4}[(X'_{P,i}F_{PY',i} + X'_{S1,i}F_{S1Y',i} + X'_{S2,i}F_{S2Y',i}) - (Y'_{P,i}F_{PX',i} + Y'_{S1,i}F_{S1X',i} + Y'_{S2,i}F_{S2X',i})]$$

$$(5-61)$$

其中，$F_{PX',i}$、$F_{PY',i}$、$F_{PZ',i}$分别为第 i 个着陆缓冲机构的主缓冲器的缓冲力 $F_{P,i}$ 在本体坐标系 X'、Y'、Z' 轴方向上的分量，$F_{S1X',i}$、$F_{S1Y',i}$、$F_{S1Z',i}$、$F_{S2X',i}$、$F_{S2Y',i}$、$F_{S2Z',i}$分别为第 i 个着陆缓冲机构的辅助缓冲器的缓冲力 $F_{S1,i}$、$F_{S2,i}$在本体坐标系 X'、Y'、Z' 轴方向上的分量，$X'_{P,i}$、$Y'_{P,i}$、$Z'_{P,i}$ 分别为第 i 个着陆缓冲机构的主缓冲器与着陆器结构的连接点在本体坐标系下的坐标值，$X'_{S1,i}$、$Y'_{S1,i}$、$Z'_{S1,i}$、$X'_{S2,i}$、$Y'_{S2,i}$、$Z'_{S2,i}$分别为第 i 个着陆缓冲机构的辅助缓冲器与着陆器结构的连接点在本体坐标系下的坐标值。

5.3.3.2　缓冲力模型

　　缓冲器是着陆缓冲机构的核心组件，着陆器着陆时的冲击能量主要通过缓冲器吸收。图 5-8（a）、图 5-8（b）分别为某着陆缓冲机构的主缓冲器缓冲力特性曲线和辅助缓冲器缓冲力曲线。

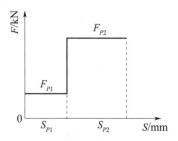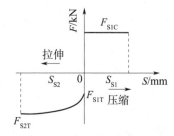

（a）主缓冲器缓冲力曲线示意图　　（b）辅助缓冲器缓冲力曲线示意图

图 5-8　某主、辅缓冲器缓冲力曲线

缓冲力的大小依据缓冲力曲线表示为外筒与内筒之间相对行程的函数。由于缓冲器中缓冲材料的变形不可恢复，因此还需设置相应的参数，实时记录缓冲材料的永久变形量。

主缓冲器的缓冲力表示为

$$F_{P,i} = \begin{cases} c_v \cdot F_{PH,i}(S_{P,i}) - f_{P,i}, & \dot{S}_{P,i} > 0 \text{ 且} (S_{P,i} - S_{PR,i}) > 0 \\ -f_{P,i}, & \dot{S}_{P,i} \leqslant 0 \text{ 或} (S_{P,i} - S_{PR,i}) \leqslant 0 \end{cases}$$

$$(5-62)$$

辅助缓冲器的缓冲力表示为

$$F_{Sj,i} = \begin{cases} c_v \cdot F_{SCj,i}(S_{Sj,i}) - f_{Sj,i}, & \dot{S}_{Sj,i} > 0 \text{ 且} (S_{Sj,i} - S_{SCRj,i}) > 0 \\ c_v \cdot F_{STj,i}(S_{Sj,i}) - f_{Sj,i}, & \dot{S}_{Sj,i} < 0 \text{ 且} (S_{STRj,i} - S_{Sj,i}) > 0 \quad (j=1,2) \\ -f_{Sj,i}, & \text{其他} \end{cases}$$

$$(5-63)$$

其中，$S_{P,i}$、$S_{Sj,i}$ 分别为主、辅缓冲器外筒与内筒间的相对行程，$\dot{S}_{P,i}$、$\dot{S}_{Sj,i}$ 分别为主、辅缓冲器外筒与内筒间的相对运动速度，且外筒与内筒作相对压缩运动时为正，而作相对拉伸运动时为负，$S_{PR,i}$、$S_{SCRj,i}$、$S_{STRj,i}$ 分别代表主、辅缓冲器中缓冲材料的永久变形量，$F_{PH,i}(S_{P,i})$ 对应于图 5-8（a）中曲线上的值，$F_{SCj,i}(S_{Sj,i})$ 和 $F_{STj,i}(S_{Sj,i})$ 对应于图 5-8（b）中曲线上的值，$f_{P,i}$、$f_{Sj,i}$ 为主、辅缓冲器内外筒间的滑动摩擦力，c_v 为考虑冲击速度影响的动载放大系数，当相对速度不大时，c_v可取 $1\sim1.1$。

5.3.3.3　足垫与着陆面接触作用力模型

足垫与着陆面之间的接触作用比较复杂，一种简单的处理方法是将足垫和着陆面的作用力简化为法向力和切向力两部分。法向力采用非线性弹簧-阻尼模型，以模拟足垫与着陆面之间的碰撞作用，其动力学方程为

$$F_N = K_N \delta_L^{e_N} + C_N \dot{\delta}_L \qquad (5-64)$$

其中，K_N，e_N，C_N 分别为与下陷深度 δ_L 有关的刚度、非线性指数和阻尼系数，各参数的值要根据专门的研究成果确定。

切向力包含两部分，一是由足垫滑移所引起的摩擦力，二是由足垫下陷引起的着陆面土壤施加于足垫侧面的推土力[9]。摩擦力模型采用库仑摩擦模型，推土力表示为足垫下陷深度和速度的函数，切向力计算公式为

$$F_T = \mu_T F_N + K_T \delta_L^{e_T} \dot{\delta}_L \qquad (5-65)$$

其中，μ_T 为着陆面摩擦系数，K_T、e_T 为与 δ_L 有关的推土力系数，这三个参数也需要通过专门的研究才能确定。

5.3.3.4　着陆动力学仿真模型参数化

由于着陆动力学仿真分析所涉及的参数很多，工作量很大，因此有必要建立着陆动力学仿真分析的参数化模型，以便快速、准确地完成着陆仿真分析工作。动力学仿真参数化与三维模型的参数化具有显著的区别，前者涉及的参数不仅包括构件几何形状参数，还包括构件的物理属性参数、构件间的运动约束参数、作用于构件上的力元参数、求解控制参数以及仿真结果参数等。着陆动力学仿真模型的参数化工作包括着陆缓冲机构模型的参数化、着陆面模型的参数化、着陆初始条件的参数化以及输入载荷的参数化等。着陆动力学仿真参数化的目的是针对不同的着陆缓冲机构的构型，在多种着陆工况下，实现动力学仿真的快速建模、求解以及仿真结果的自动提取，其一般流程如图 5-9 所示。

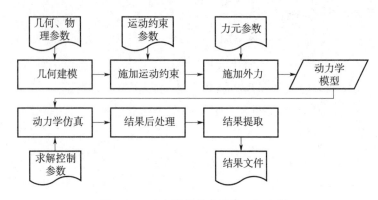

图 5 - 9　动力学仿真参数化一般流程

（1）着陆缓冲机构参数化

根据着陆缓冲机构的构型和工作原理，将主缓冲器和着陆器结构连接点的坐标、辅助缓冲器和着陆器结构连接点的坐标、主缓冲器与足垫连接点的坐标、辅助缓冲器与主缓冲器连接点的坐标、主缓冲器与辅助缓冲器内外筒的长度以及足垫的直径与高度等作为参数化变量，建立着陆缓冲机构的参数化模型。着陆缓冲机构模型的参数化变量如表 5 - 2 和图 5 - 10 所示。

表 5 - 2　着陆缓冲机构参数化变量

主缓冲器与结构连接点的坐标	(X_P, Y_P, Z_P)
辅助缓冲器与结构连接点的坐标	(X_{S1}, Y_{S1}, Z_{S1}) (X_{S2}, Y_{S2}, Z_{S2})
主缓冲器与辅助缓冲器连接点的坐标	$(X_{P-S1}, Y_{P-S1}, Z_{P-S1})$ $(X_{P-S2}, Y_{P-S2}, Z_{P-S2})$
主缓冲器与足垫连接点的坐标	$(X_{P-F}, Y_{P-F}, Z_{P-F})$
主缓冲器外筒长度	L_{Pw}
主缓冲器内筒长度	L_{Pn}
辅助缓冲器外筒长度	L_{Sw}
辅助缓冲器内筒长度	L_{Sn}
足垫直径与高度	D_F, H_F

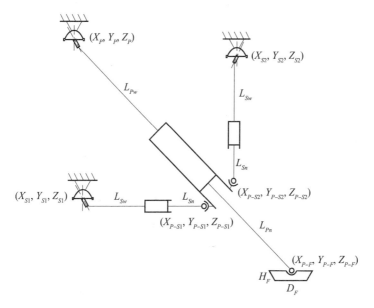

图 5-10 着陆缓冲机构参数化变量示意图

（2）着陆面参数化

着陆面的参数化变量主要包括着陆面坡度 α_L 和着陆面凹坑深度（凸起高度）h_d 等。建立模型时，首先在着陆面处定义两个坐标系——着陆面绝对坐标系和相对坐标系，如图 5-11 所示。其中，着陆面绝对坐标系的方向与着陆星体上的固定坐标系一致，坐标原点固连于着陆面，位于离着陆面最近的足垫的正下方。着陆面相对坐标系由着陆面绝对坐标系绕 $-Y$ 轴旋转 α_L 角得到。以着陆面相对坐标系作为参照，依据不同的 α_L 和 h_d 建立参数化的着陆面模型。

（3）着陆初始条件参数化

着陆初始条件的参数化变量主要包括着陆速度和着陆姿态等。着陆速度可分解为沿着陆面绝对坐标系 X 轴的竖直速度和 YZ 平面内的水平速度。着陆器的着陆姿态通过偏航角、俯仰角和滚动角来描述。根据给定的偏航角、俯仰角和滚动角数值，将着陆器模型依

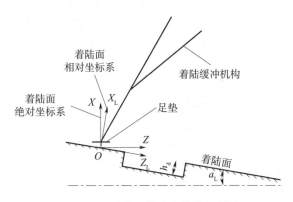

图 5-11　着陆面模型参数化示意图

次绕本体坐标系的 X'、Y'、Z' 轴进行旋转，从而得到着陆器的初始着陆姿态，不同的偏航角可产生 2-2、1-2-1、1-1-1-1 等各种着陆工况，其物理意义见第 3 章 3.7 节。着陆器的着陆角速度可分解为对应于三个姿态角的偏航角速度、俯仰角速度和滚动角速度。着陆初始条件参数化变量如表 5-3 和图 5-12 所示。

表 5-3　着陆初始条件参数化变量

竖直速度	水平速度	偏航角	俯仰角	滚动角	偏航角速度	俯仰角速度	滚动角速度
V_v	V_h	A_p	A_f	A_g	ω_p	ω_f	ω_g

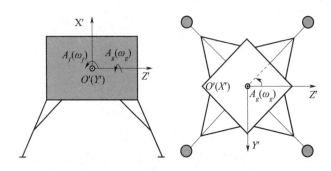

图 5-12　着陆初始条件参数化变量示意图

（4）输入载荷参数化

输入载荷参数化变量主要包括主、辅缓冲器的缓冲力以及足垫与着陆面之间的碰撞作用力。具体变量见表 5 - 4 所示。其中，主缓冲器缓冲力、辅助缓冲器压缩缓冲力、辅助缓冲器拉伸缓冲力可直接从相应的文件中读取。

表 5 - 4　输入载荷参数化变量

主缓冲器缓冲力特性曲线文件	Spline1. txt
辅助缓冲器压缩缓冲力特性曲线文件	Spline2. txt
辅助缓冲器拉伸缓冲力特性曲线文件	Spline3. txt
着陆面接触刚度	K_N
非线性指数	e_N
着陆面接触阻尼	C_N
着陆面摩擦系数	μ_T
推土力刚度	K_T
推土力刚度非线性指数	e_T

5.4　着陆缓冲试验预分析[10-12]

为了保证地面有限次数的着陆缓冲物理试验的有效性、安全性、充分性，在物理试验前一般先通过仿真对试验进行预分析，并根据预分析的结果对相应的物理试验工况进行相应的调整。

5.4.1　单机缓冲试验预分析

单机缓冲试验，即单套着陆缓冲机构着陆缓冲试验，如第 4 章图 4 - 20 所示，在地面重力环境下，通过改变吊篮的投放高度和吊篮上的配重质量，验证不同着陆速度和着陆质量下的缓冲性能。

对于单套着陆缓冲机构缓冲试验的预分析，一般输出以下分析结果：

1) 主缓冲器的缓冲行程；

2) 辅助缓冲器的压缩和拉伸缓冲行程；

3) 主缓冲器及辅助缓冲器对结构的冲击载荷；

4) 着陆器结构质心加速度响应值。

典型的仿真结果与相应物理试验结果的对比如图 5 - 13 所示。从图 5 - 13 中可以看出，柔性体模型的仿真结果与物理试验结果的一致性很好，因此根据仿真结果可以很好地预示物理试验的有效性、安全性和充分性。

5.4.2　组合缓冲试验预分析

为了更真实地验证着陆缓冲机构的着陆缓冲性能，在地面还要进行组合缓冲试验，如第 4 章图 4 - 30 所示。即把四套着陆缓冲机构与相应的模拟着陆器安装到一起，组成模拟着陆器，二者间的连接方式与真实的着陆器一致，且模拟着陆器与真实着陆器的质量特性完全一致。通过起吊投放设备控制投放高度，进而控制着陆器的初始着陆姿态和着陆速度，着陆试验场模拟真实着陆面的机械特性。由于该试验的复杂性，试验的预分析就显得更为重要。

一般取水平面着陆和斜坡着陆两类工况进行分析。当在斜坡上着陆时，如果模拟着陆器朝下坡方向运动，则水平速度记为正值，反之，水平速度记为负值。着陆模式根据着陆器的偏航状态定义，如图 5 - 14 所示。着陆模式 1 - 2 - 1、2 - 2 的物理意义同 5.3.3.4 节中的第（3）小节。

与单套着陆缓冲机构缓冲试验预分析的输出结果相比，组合缓冲性能试验预分析输出的数据类别更多、数据量更大、判读更加困难。另外，由于该试验结果的影响因素多，试验条件的准确控制难度大，试验预分析的结果与试验结果之间的误差一般较大。还需注意的是，在物理试验后要对二者之间的误差进行全面、深入的分析，以利于后期仿真模型的完善。

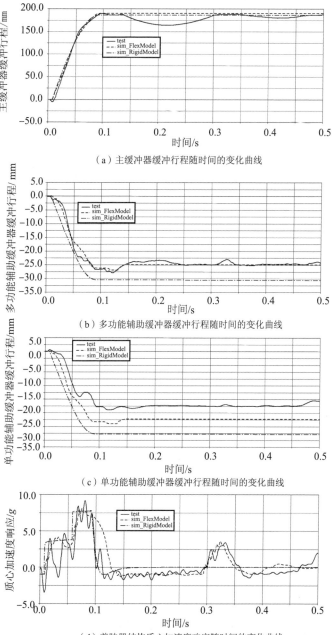

（a）主缓冲器缓冲行程随时间的变化曲线

（b）多功能辅助缓冲器缓冲行程随时间的变化曲线

（c）单功能辅助缓冲器缓冲行程随时间的变化曲线

（d）着陆器结构质心加速度响应随时间的变化曲线

图 5 - 13　仿真结果曲线

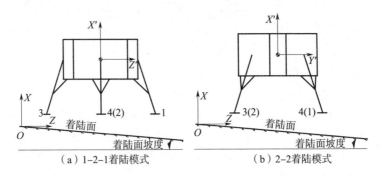

（a）1-2-1着陆模式　　　　　　　（b）2-2着陆模式

图 5-14　着陆模式示意图

5.5　着陆稳定性仿真分析

　　着陆稳定性是着陆缓冲机构能力的一种体现。由于着陆面的地形地貌等条件往往十分复杂，需要对各种可能工况下的着陆稳定性作出全面的评估，这是一项十分庞大的系统性工作。在保证着陆器不翻倒的前提下，着陆稳定性往往通过着陆过程中典型位置点的冲击响应、着陆缓冲机构对结构的作用力、稳定着陆后着陆器的姿态等一系列物理量来描述。

　　为了对着陆稳定性进行充分、有效地分析，需要进行合理的仿真设计。即在给定的输入参数范围内，通过对着陆过程的初步仿真，获取输入参数对着陆性能的影响趋势及灵敏度，然后构建着陆动力学响应对输入参数的响应面模型，以此预测动力学响应达到极值时的恶劣着陆工况，并验证响应极值是否满足设计要求，最后确定机构能够安全着陆的稳定性边界，并给出着陆缓冲机构对着陆条件的极限适应能力。

5.5.1　着陆稳定性判据

　　一般情况下，着陆稳定性判据包括以下内容[14]：

　　1）着陆器不发生翻倒，即着陆过程中着陆器质心到过相邻两个足垫中心的竖直平面的距离（以下简称安全距离）的最小值大于 0；

2）各缓冲器的缓冲行程小于、等于设计行程；

3）着陆器质心加速度响应不大于允许值；

4）着陆稳定后，着陆器上的某特殊点至着陆面的距离不小于允许值；

5）着陆稳定后，着陆器本体轴与着陆面法线方向夹角不大于允许值。

5.5.2　初始着陆工况

影响着陆器着陆稳定性的主要因素包括着陆初始时的速度、姿态、着陆质量、着陆面坡度以及机械特性、着陆面凹坑和凸起的尺寸等。对于着陆面的摩擦特性，可以通过两种极限情况来处理[15]。一种是假设着陆后足垫落入与其尺寸相当的凹坑内，从而限制其沿着陆面的滑移，另一种是假设在平坦着陆面上着陆，着陆后足垫可沿着陆面自由滑移。根据着陆器的着陆速度和姿态的控制情况，考虑着陆面的形貌和承载特性，确定各参数的合理取值范围。

为全面分析着陆器的各种着陆工况，按照着陆面坡度、着陆面凹坑分布、足垫沿着陆面运动状态以及着陆质量的不同，可以把图 5 - 14 分为多种着陆工况进行着陆动力学分析，如表 5 - 5 所示。

表 5 - 5　着陆器初始着陆工况

工况序号	着陆面坡度/（°）	着陆面凹坑分布	足垫运动状态	着陆质量
1	A	无凹坑	可滑移	最大
2	A	无凹坑	可滑移	最小
3	A	无凹坑	不可滑移	最大
4	A	无凹坑	不可滑移	最小
5	B	中间着陆的 两个足垫（2、4）落入凹坑	可滑移	最大
6	B	中间着陆的 两个足垫（2、4）落入凹坑	可滑移	最小

续表

工况序号	着陆面坡度/（°）	着陆面凹坑分布	足垫运动状态	着陆质量
7	B	中间着陆的 两个足垫（2、4）落入凹坑	不可滑移	最大
8	B	中间着陆的 两个足垫（2、4）落入凹坑	不可滑移	最小
9	B	后着陆的 两个足垫（1、4）落入凹坑	可滑移	最大
10	B	后着陆的 两个足垫（1、4）落入凹坑	可滑移	最小
11	B	后着陆的 两个足垫（1、4）落入凹坑	不可滑移	最大
12	B	后着陆的 两个足垫（1、4）落入凹坑	不可滑移	最小
13	B	后着陆的 三个足垫（1、2、4）落入凹坑	可滑移	最大
14	B	后着陆的 三个足垫（1、2、4）落入凹坑	可滑移	最小
15	B	后着陆的 三个足垫（1、2、4）落入凹坑	不可滑移	最大
16	B	后着陆的 三个足垫（1、2、4）落入凹坑	不可滑移	最小
17	C	无凹坑	可滑移	最大
18	C	无凹坑	可滑移	最小
19	C	无凹坑	不可滑移	最大
20	C	无凹坑	不可滑移	最小

注：表中的 A、B、C 表示不同的着陆面坡度。

　　根据初始水平速度的方向及初始俯仰角方向的不同，又可将上述每种着陆工况细分为四种子工况，如表 5-6 所示。沿坡面向下的初始水平速度记为"正值"，沿坡面向上的初始水平速度记为"负值"。朝坡上俯仰的初始俯仰角记为"正值",朝坡下俯仰的初始俯仰角记为"负值",以区分在斜坡上着陆时各参数的方向。

表 5-6　每种着陆工况下的子工况

子工况	初始水平速度	初始俯仰角
I	沿坡面向下（+）	朝坡上俯仰（+）
II	沿坡面向下（+）	朝坡下俯仰（-）
III	沿坡面向上（-）	朝坡上俯仰（+）
IV	沿坡面向上（-）	朝坡下俯仰（-）

5.5.3　着陆极限工况及稳定性边界

基于着陆器着陆过程动力学模型,通过对表 5-5 和表 5-6 所述的各种着陆工况进行仿真分析,并结合着陆稳定性判据,可以确定着陆器着陆时的各种极限工况,如辅助缓冲器压缩极限工况、着陆器倾倒极限工况、辅助缓冲器拉伸极限工况、主缓冲器压缩极限工况、着陆器本体轴与着陆面法线夹角极限工况、质心加速度响应极限工况等。通过对极限工况的进一步分析,便可以确定该工况下能否稳定着陆以及缓冲能力余量等。该分析对于着陆缓冲机构设计方案的优化及对预期条件下着陆情况的预计具有十分重要的意义。

以第 3 章图 3-4 所示的着陆缓冲机构为例,针对表 5-5 和表 5-6 所列的各种着陆工况,进行着陆过程动力学仿真。令初始偏航角由 0°增加至 45°,每次的增量为 3°。经过大量的仿真工作,得到上述着陆条件下着陆器的安全距离、主缓冲器压缩行程、辅助缓冲器压缩行程、辅助缓冲器拉伸行程、质心加速度响应、着陆器本体轴与着陆面夹角以及对接面中心至着陆面距离等参数与初始偏航角之间的关系曲线。图 5-15 中列出了对应表 5-5 的着陆工况的仿真结果。

在图 5-15 所示的前四种典型工况下,经过着陆稳定性仿真分析,得到了初始竖直速度—水平速度的安全着陆边界。以着陆器初始水平着陆速度为横坐标、初始竖直着陆速度为纵坐标,分别绘制着陆工况 3（辅助缓冲器压缩极限工况）、着陆工况 4（倾倒极限工况）、着陆工况 5（辅助缓冲器拉伸极限工况）及着陆工况 7（主缓冲器压缩极限工况）的初始竖直速度—水平速度的安全边界曲线，如图 5-16 所示。

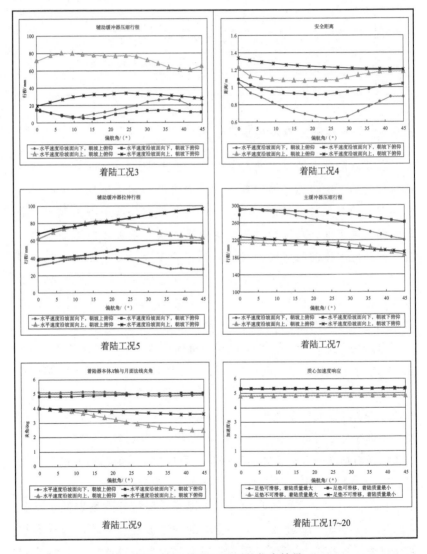

图 5-15　典型工况下的仿真结果

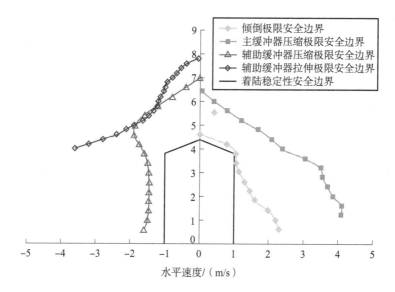

图 5-16　竖直速度—水平速度着陆稳定性边界曲线

从图 5-16 着陆稳定性安全边界曲线可以看出：

1) 着陆器在给定的着陆工况内，其最大竖直速度不能超过 4.4 m/s，最大水平速度不能超过 1 m/s。

2) 主缓冲器压缩极限边界和辅助缓冲器拉伸极限边界所构成的稳定性包络，远远大于倾倒极限边界和辅助缓冲器压缩极限边界所构成的稳定性包络。

3) 可以适当降低主缓冲器压缩性能和辅助缓冲器拉伸性能，以改善着陆缓冲机构的综合性能。

竖直速度—水平速度着陆稳定性边界曲线对于着陆缓冲机构的方案优化、性能评价及着陆情况预示等具有重要的意义。

5.5.4　极限适应能力分析

对于设计方案已经确定或已经完成研制的着陆缓冲机构，掌握它对某一着陆参数的极限适应能力，对于保证安全着陆同样具有重要意义。在实际工程研制中，常针对着陆器初始竖直速度、水平速度、着陆面坡度、着陆面凹坑深度（凸起高度）等进行极限适应能力分析。

对于每一种极限工况，令相应的参数从其名义值开始以特定的步长逐渐增大，同时令其他参数保持不变，且为设计的上限值，直到5.5.1节给定的某个判据不成立时为止。通过对仿真结果的进一步统计分析，可以得到各极限工况下着陆缓冲机构对上述四个参数的极限适应能力。在分析过程中，注意正确设定某一参数停止变化的条件。以主缓冲器压缩极限工况为例，在图5-14中当2号和4号着陆缓冲机构落入凹坑时，且当凹坑深度达到一定值后，那么，在2号和4号两套着陆缓冲机构触地之前，着陆器就通过1号和3号着陆缓冲机构的主缓冲器吸收了主要的冲击能量，此后继续增大凹坑深度对主缓冲器的压缩性能没有影响，因此，应及时终止凹坑深度的变化。

通过上述分析，可以得到着陆缓冲机构对着陆器初始竖直速度、水平速度、着陆面坡度、着陆面凹坑深度四个着陆初始条件的极限适应能力。极限适应能力分析结果对地面试验工况的确定及飞行试验结果的预示具有重要的意义。

5.6　着陆缓冲机构可靠性仿真分析

在上述分析过程中，都是给定输入参数的取值范围，在特定的工况下进行着陆缓冲机构的动力学仿真。只要着陆缓冲机构的实际输出响应落在所规定的容差范围内，便认为机构是安全的，可以满足稳定着陆的要求。但在实际工程研制中，由于加工装配误差、空间运行环境等因素的影响，着陆缓冲机构动力学分析中的很多输入条件都是随机的，会出现一定概率的数据超出所设定的取值范围，因此，在随机输入条件下，动力学输出响应将随输入参数的变化而产生波动。如图5-17所示，将输出响应 y 表示为输入参数的随机函数，并设其期望值和标准差分别为 μ_y 和 σ_y。从保证着陆缓冲机构性能的角度来讲，一方面应使 μ_y 尽量接近于目标值 y_0，另一方面应使 σ_y 尽可能小，以保证着陆缓冲机构具有较高的可靠性，避免动力学响应因输入条件的变化而产生较大的波动[16]。

　　输出响应的随机特性通常采用概率分布函数或者概率密度函数来描述，也可近似地采用随机变量的数字特征（如均值和方差等）来描述。若已知输入参数的概率分布规律，可通过解析法或者蒙特卡洛法确定输出响应的概率分布。

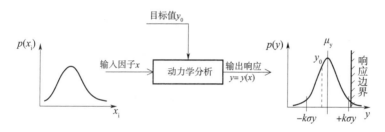

图 5-17　不确定性问题图解

5.6.1　蒙特卡洛法

　　着陆缓冲机构的随机着陆动力学分析十分复杂，难以通过解析法获得随机动力学响应的概率统计特性。而蒙特卡洛法通过对随机变量的大量抽样来获取问题的解，回避了解析法中的数学难题，非常直观，且即使在输出与输入之间的显式函数关系未知的情形下，也可直接对问题进行求解，具有很强的通用性。同时只要样本量足够大，就可以保证较高的求解精度。

5.6.1.1　蒙特卡洛法原理

　　蒙特卡洛法，也称统计模拟方法，是以概率统计理论为基础的一种数值计算方法。蒙特卡洛法的基本思想是：首先建立一个概率模型或随机过程，使其参数等于问题的解；然后通过对模型或过程的观察、抽样试验来分析、确定参数的统计特征，最后给出所求解的近似值。蒙特卡洛法的理论基础为概率论中的大数法则和中心极限定理。大数法则保证了在抽取足够多的随机样本之后，统计得到的蒙特卡洛估计值收敛于实际问题的正确解[17]。大数法则主要包括契比雪夫定理和贝努力定理，分别反映了算数平均值和频率的稳定性。

1）契比雪夫定理：设 ζ_1，ζ_2，$\cdots$，ζ_n，是相互独立的随机变量序列，且每一 ζ_i 都具有有限的方差和公共的上界，则对任意 $\varepsilon > 0$，有下式成立

$$\lim_{n \to \infty} \Pr\left\{ \frac{1}{n} \left| \sum_{i=1}^{n} \zeta_i - \sum_{i=1}^{n} E(\zeta_i) \right| < \varepsilon \right\} = 1 \qquad (5-66)$$

2）贝努力定理：设 n_A 是 n 次独立重复试验中事件 A 发生的次数，p 是事件 A 在每次试验中发生的概率，则对任意 $\varepsilon > 0$，有下式成立

$$\lim_{n \to \infty} \Pr\left\{ \left| \frac{n_A}{n} - p \right| < \varepsilon \right\} = 1 \qquad (5-67)$$

中心极限定理可用于确定蒙特卡洛模拟的收敛速度和精度，对应于算术平均值和频率的中心极限定理分别为同分布的中心极限定理和德莫佛-拉普拉斯定理。

3）同分布的中心极限定理：设随机变量序列 ζ_1，ζ_2，$\cdots$，ζ_n，独立同分布，且具有有限的数学期望 μ 和方差 σ^2，则对任意实数 ζ，有

$$\lim_{n \to +\infty} \Pr\left\{ \frac{\sum_{i=1}^{n} \zeta_i - n\mu}{\sqrt{n}\,\sigma} < \zeta \right\} = \int_{-\infty}^{\zeta} \frac{1}{\sqrt{2\pi}} \exp\left(-\frac{t^2}{2} \right) dt \qquad (5-68)$$

4）德莫佛-拉普拉斯定理：设 n_A 是 n 次独立重复试验中事件 A 发生的次数，p 是事件 A 在每次试验中发生的概率，则对任意有限区间 $[a, b]$，恒有

$$\lim_{n \to +\infty} \Pr\left\{ a \leqslant \frac{n_A - np}{\sqrt{np(1-p)}} \leqslant b \right\} = \int_{a}^{b} \frac{1}{\sqrt{2\pi}} \exp\left(-\frac{t^2}{2} \right) dt \qquad (5-69)$$

应用蒙特卡洛方法解决实际工程问题的具体实施步骤可概括为：

1）构造概率模型。根据实际问题的性质，确定某个随机事件或随机变量，使得待求问题的解等于随机事件出现的概率或随机变量

的某些数字特征。

2) 随机变量抽样。根据模型中各随机变量的概率分布,在计算机上产生足够的随机数据,并根据概率模型的特点和随机变量的分布特性,采取适当的抽样方法,对每个随机变量进行随机抽样。

3) 结果统计分析。对随机事件进行计算机模拟试验,并对模拟结果进行统计分析,给出所求解的估计值及精度。

5.6.1.2 蒙特卡洛模拟终止准则

蒙特卡洛模拟需要大样本的随机试验,如果样本量不足,可能导致模拟结果不满足精度要求,而如果样本量过大,则会使计算成本增加。因此,为了提高蒙特卡洛模拟的效率,需要给出相应的分析终止原则,如基于均值估计相对误差的终止准则[18]等,以便在保证精度的前提下降低计算成本。

设随机变量 ζ 具有有限的期望值 μ 和方差 σ^2 ,$\zeta_i(i = 1,2,\cdots,n)$ 为来自总体的一个样本,样本的期望值和方差分别为

$$\overline{\zeta}(n) = \frac{1}{n}\sum_{i=1}^{n}\zeta_i \tag{5-70}$$

$$S^2(n) = \frac{1}{n-1}\sum_{i=1}^{n}\left[\zeta_i - \overline{\zeta}(n)\right]^2 \tag{5-71}$$

其中,$\overline{\zeta}$、S^2 分别为总体均值和总体方差的无偏估计量。

定义随机变量 Z_n、t_n 如下式所示

$$Z_n = \frac{\overline{\zeta}(n) - \mu}{\sqrt{\sigma^2/n}} , \ t_n = \frac{\overline{\zeta}(n) - \mu}{\sqrt{S^2(n)/n}} \tag{5-72}$$

根据中心极限定理,对任意实数 z,有

$$\lim_{n \to +\infty}\Pr\{Z_n < z\} = \frac{1}{\sqrt{2\pi}}\int_{-\infty}^{z}e^{-\frac{t^2}{2}}\mathrm{d}t \tag{5-73}$$

上式表明,当抽样点数 n 充分大时,随机变量 Z_n 近似地服从标准正态分布 $N(0,1)$。在实际应用中,总体方差往往难以获得,因此常采用样本方差代替总体方差。当样本量趋于无穷大时,样本方差将收敛于总体方差,并且随机变量 t_n 近似服从标准正态分布。对

于给定的置信水平 $1-\alpha$，有下式成立

$$\mathrm{Pr}\left[\left|\frac{\overline{\zeta}(n)-\mu}{\sqrt{S^2(n)/n}}\right|\leqslant z_{1-\alpha/2}\right]\approx 1-\alpha \qquad (5-74)$$

从而可以得到均值 μ 的 $100(1-\alpha)\%$ 置信区间近似为

$$\overline{\zeta}(n)\pm z_{1-\alpha/2}\sqrt{\frac{S^2(n)}{n}} \qquad (5-75)$$

其中，$z_{1-\alpha/2}$ 为标准正态分布的双侧分位点，式（5-75）的右侧项称为置信区间半长，用 $\delta(n,\alpha)$ 表示。

为了提高参数估计的精度，希望估计量的置信区间越小越好，由此定义模拟精度 γ（$0<\gamma<1$）为

$$\gamma=\delta(n,\alpha)/|\overline{\zeta}(n)| \qquad (5-76)$$

从而有下式成立

$$
\begin{aligned}
1-\alpha &\approx \mathrm{Pr}\left[|\overline{\zeta}(n)-\mu|/|\overline{\zeta}(n)|\leqslant\delta(n,\alpha)/|\overline{\zeta}(n)|\right] \\
&= \mathrm{Pr}\left[|\overline{\zeta}(n)-\mu|\leqslant\gamma|\overline{\zeta}(n)|\right] \\
&\leqslant \mathrm{Pr}\left[|\overline{\zeta}(n)-\mu|\leqslant\gamma(|\overline{\zeta}(n)-\mu|+|\mu|)\right] \\
&= \mathrm{Pr}\left[|\overline{\zeta}(n)-\mu|/|\mu|\leqslant\gamma(1-\gamma)\right]
\end{aligned} \qquad (5-77)
$$

其中，$|\overline{\zeta}(n)-\mu|/|\mu|$ 称为均值估计的相对误差，因此可以说总体均值的估计值大约有 $1-\alpha$ 的概率具有至多不超过 $\gamma/(1-\gamma)$ 的相对误差。据此可以确定蒙特卡洛模拟所需的最少次数为

$$N=\min\left\{n:\frac{z_{1-\alpha/2}\sqrt{S^2(n)/n}}{|\overline{\zeta}(n)|}\leqslant\gamma\right\} \qquad (5-78)$$

5.6.2　着陆缓冲机构可靠性分析

着陆缓冲机构可靠性分析需要解决两个问题，一是着陆面条件的复杂性和不确定性，着陆面存在的凹坑和凸起对可靠着陆的影响较大，但一般的动力学分析很难对所有着陆面状况下的着陆结果进行全面的仿真。二是由于控制系统的误差，着陆参数可能呈现出某种随机性，随机参数符合何种分布规律需要通过研究才能确定。

针对上述两个问题，在着陆缓冲机构可靠性分析过程中，首先

生成包含凹坑和凸起的数字化着陆面，再利用蒙特卡洛法创建随机着陆工况进行动力学分析，统计仿真结果，进而获得着陆性能的统计学特征以及稳定着陆的可靠度。

着陆过程是一个典型的随机事件，且只有两种可能，即成功或失效。设稳定着陆的概率为 $p(0 < p < 1)$，而着陆失效的概率为 $q(q = 1 - p)$。定义一个随机变量 ζ，若着陆器在一次着陆过程中能够稳定着陆，则 ζ 取值为 1，否则 ζ 取值为 0。随机变量 ζ 的数学期望和方差分别为

$$E(\zeta) = 1 \cdot p + 0 \cdot q = p \qquad (5-79)$$

$$D(\zeta) = E\left[\zeta - E(\zeta)\right]^2 = p - p^2 = pq \qquad (5-80)$$

可见随机变量 ζ 的数学期望等于在一次着陆过程中着陆器能够稳定着陆的概率，也就是待求问题的解。假设着陆器在 n 次着陆过程中，稳定着陆发生的次数为 n_A，则 n_A 也是一个随机变量，且服从参数为 (n, p) 的二项分布[19]，其数学期望和方差分别为

$$E(n_A) = np, \qquad D(n_A) = npq \qquad (5-81)$$

其中，参数 p 的一个无偏点估计为

$$\hat{p} = \frac{n_A}{n} \qquad (5-82)$$

给定置信水平 $1 - \alpha$，当 n 足够大、且 $\hat{p}$ 接近于 1 时，参数 p 的近似置信区间 $100(1 - \alpha)\%$ 的上、下限 p_L、p_U 分别为[20]

$$\begin{cases} p_L = \dfrac{n + n_A - \dfrac{1}{2}\chi^2_{1-\alpha/2}\left[2(n - n_A) + 2\right]}{n + n_A + \dfrac{1}{2}\chi^2_{1-\alpha/2}\left[2(n - n_A) + 2\right]} \\[4mm] p_U = \dfrac{n + n_A + 1 - \dfrac{1}{2}\chi^2_{\alpha/2}\left[2(n - n_A)\right]}{n + n_A + 1 + \dfrac{1}{2}\chi^2_{\alpha/2}\left[2(n - n_A)\right]} \end{cases} \qquad (5-83)$$

5.6.2.1　数字化着陆面的建立

在着陆器的着陆过程中，为了判断足垫与着陆面的接触情况，需要分辨率小于足垫几何尺寸的地形地貌图。着陆面的地形地貌图

可根据有关专题的研究、观测资料随机生成。

以月面为例,其地形地貌特征主要包括两部分,即含月球坑的随机地形和含岩石的随机地形,最终得到的地形地貌图则是以上两种地形地貌图的随机叠加。

月球表面每平方千米面积上月球坑的数量与其直径尺寸之间存在一定的关系[21],直径越小的月球坑,其分布越密集。

单位面积内大于某一直径的月球坑的数量可用下式表示[22]

$$N_d = K_d \cdot D_d^{e_d} \qquad (5-84)$$

其中,K_d、e_d 为与月球表面特征相关的参数,D_d 为月球坑的直径,N_d 为累积的月球坑频率(坑数/m²)。直径大于着陆器外形尺寸的月球坑,只改变着陆器等效的着陆面坡度。直径小于足垫尺寸的月球坑,不改变足垫在着陆面的特性。对于较平缓的月海区域,月球坑的数量及其直径具有如下关系[22]

$$N_d = 10^{-1} \cdot D_d^{-2} \quad 0.2 \text{ m} < D_d < 4.8 \text{ m} \qquad (5-85)$$

月球坑主要由坑底、坑唇组成,为了便于计算典型月球坑的形状,可对着陆面的典型月球坑进行简化,得到标准月球坑剖面图形,如图 5 - 18 所示。相应的标准月球坑函数为

$$z = \left[\frac{1.302\,5}{3\pi D}(x^2 + y^2) - 0.15 \right] \times \cos\left[\frac{4.341\,6}{D_d}(x^2 + y^2) \right]$$

$$-\sqrt{\frac{3\pi D_d}{2 \cdot 4.341\,6}} \leqslant x \leqslant \sqrt{\frac{3\pi D_d}{2 \cdot 4.341\,6}}$$

$$(5-86)$$

其中,x,y,z 为月球坑上各点的三维坐标。

根据以上规则生成含月球坑的随机着陆面地形,如图 5 - 19 所示。

美国国家航空航天局(NASA)给出了岩石在月面的分布情况及月面不同区域的岩石累计数[21],由此可得到月面岩石累计数 N_r 与岩石的尺寸 L_r 具有如下关系

$$\lg N_r = -2.588\,3\lg L_r - 3.530\,1 \quad 0.06 \text{ m} < L_r < 0.4 \text{ m}$$

$$(5-87)$$

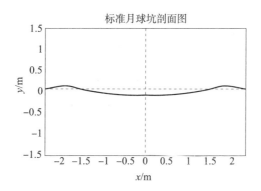

图 5-18　标准月球坑剖面图

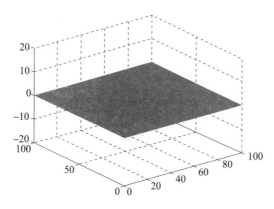

图 5-19　含月球坑的随机着陆面地形

　　NASA 的研究表明，岩石的直径或形状覆盖了一个很宽的范围。假设一个标准的月球岩石的表面可能是球形或者矩形，高度等于直径（或长度）的一半。为了研究的方便，岩石的模型选用理想的抛物线模型，其剖面如图 5-20 所示，对应的岩石模型函数为

$$z = -\frac{2}{D_r}(x^2 + y^2) + \frac{D_r}{2} \quad 0.06 \text{ m} \leqslant D_r \leqslant 0.4 \text{ m} \quad (5-88)$$

其中，x，y，z 为岩石上各点的三维坐标。

　　根据以上规则生成含月球岩石的随机着陆面地形，如图 5-21 所示。

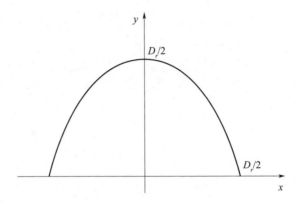

图 5-20　标准月球岩石剖面图

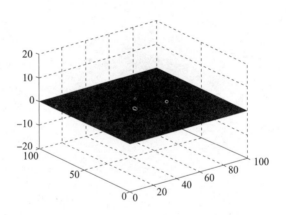

图 5-21　含月球岩石的随机着陆面地形

　　将包含月球坑和岩石的随机地形图相叠加，最终可得到用于着陆过程分析的着陆面地形图，该地形图的大小为 100 m×100 m，整体着陆面效果和局部效果如图 5-22 和图 5-23 所示。

　　数字化着陆面以矩阵的形式存在，矩阵中包含了地形图每个点的三维坐标，可用于之后的蒙特卡洛分析。

5.6.2.2　蒙特卡洛法模拟着陆分析

　　仍以月面软着陆分析为例，着陆时的随机位置可以用蒙特卡洛

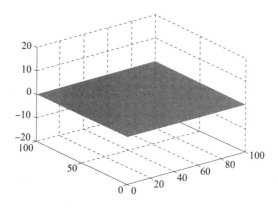

图 5 - 22　整体着陆面效果图

图 5 - 23　局部着陆面效果图

法中的随机投点得到，同样，通过随机投点得到各随机着陆条件的初始状态参数，而后把相应的随机参数综合到一个着陆工况中，通过大量的仿真分析工作，便可得到稳定着陆的可靠度。其流程如图 5 - 24 所示[23]。

　　如图 5 - 25 所示为着陆器坐标系定义，其中为着陆器本体坐标系，θ 为着陆器绕本体坐标系绕轴的转角。固定在着陆面的坐标系为 $O-XYZ$，其中 OXY 为水平面，Z 轴竖直向上。设着陆器本体坐标系原点在 OXY 平面内的投影坐标为 (x,y)，则着陆器的随机着陆位置可表示为

$$x = \text{rand}(2.5, 97.5) \quad y = \text{rand}(2.5, 97.5) \quad \theta = \text{rand}(0, 360°)$$

$$(5-89)$$

　　上式中的符号意义为着陆器在 OXY 平面内等概率分布，并保证着陆器足垫在着陆场内，而着陆器绕本体坐标系轴的转角 θ 也在 $(0, 360°)$ 区间内等概率分布。

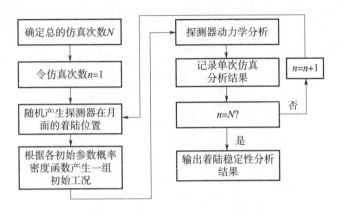

图 5 - 24　着陆稳定可靠性分析流程图

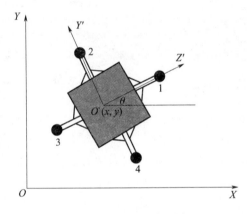

图 5 - 25　着陆器坐标系定义

在每种着陆情况（x，y，θ）下，四个足垫 1，2，3，4 在 OXY 水平面内的位置分别为 x_i、y_i（i 为 1，2，3，4），x_i、y_i 分别为

$$x_1 = x + l_1\cos\theta \quad y_1 = y + l_1\sin\theta$$
$$x_2 = x - l_2\sin\theta \quad y_2 = y + l_2\cos\theta$$
$$x_3 = x - l_3\cos\theta \quad y_3 = y - l_3\sin\theta \tag{5-90}$$
$$x_4 = x + l_4\sin\theta \quad y_4 = y - l_4\cos\theta$$

其中，l_i（i 为 1，2，3，4）为本体坐标系原点至各足垫中心的距离

在 OXY 平面内的投影长度。

每个足垫的 z_i（i 为 1，2，4，4）坐标由相应的月球坑或岩石形状函数求得，所生成的 4 个足垫的 z_i 坐标全部存储于 N 行 4 列的矩阵中，其中 N 表示随机投点的次数，即仿真的总次数。

在生成随机着陆初始参数时，需要利用初始参数的概率密度函数。几种随机变量分布函数如表 5 - 7 所示。

表 5 - 7 随机变量分布函数

着陆参数	分布规律
竖直速度/（m/s）	正态分布
水平速度/（m/s）	正态分布
偏航角/（°）	均匀分布
俯仰角/（°）	均匀分布
滚动角/（°）	正态分布
偏航角速度/［（°）/s］	均匀分布
俯仰角速度/［（°）/s］	正态分布
滚动角速度/［（°）/s］	均匀分布
水平速度分量夹角/（°）	均匀分布
着陆器质量/kg	正态分布
摩擦系数	均匀分布

以上述随机着陆位置和随机着陆初始参数为基础，可以进行着陆动力学仿真。一般要进行数以万次的仿真，得到所关心的输出参数。某仿真得到的各参数的分布直方图如图 5 - 26 所示。

根据图 5 - 26 可以拟合出各着陆性能参数的概率分布规律，其中，质心至稳定性平面的最小距离近似满足 Beta 分布，主缓冲器最大压缩行程、辅助缓冲器最大压缩行程和着陆器本体轴与月面法线夹角近似满足指数分布，辅助缓冲器最大拉伸行程近似满足对数正态分布，质心冲击加速度响应和对接面至月面距离近似满足正态分布。

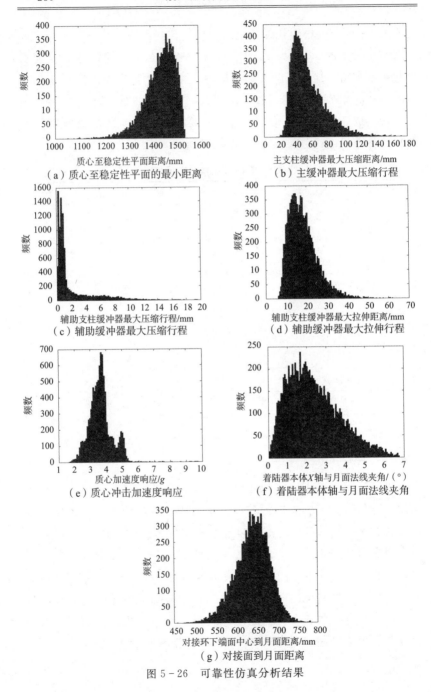

图 5 - 26　可靠性仿真分析结果

为检验以上各分布拟合的正确性，可以采用 K - S 检验（Kolmog-orov - Smirnov）[24]方法对拟合结果进行检验。K - S 检验亦称拟合优度检验，用来检验给定的一组样本数据是否来自某一已知分布。令预先假设的理论分布为 $F_0(\zeta)$、样本数据的累积概率函数为 $F_1(\zeta)$，定义 $D_{max} = \max | F_0(\zeta) - F_1(\zeta) |$，同时令 $D(n, \alpha)$ 为样本容量为 n、显著水平为 α 时的拒绝临界值。当 $D_{max} > D(n, \alpha)$ 时，表示 $F_1(\zeta)$ 拒绝 $F_0(\zeta)$ 的假设，反之则接受 $F_0(\zeta)$ 的假设。图 5 - 26 中统计数据的 K - S 检验结果表明各着陆性能参数满足假设分布。

通过对样本的拟合和检验，可进一步求得决定各分布形状和位置的参数估计值的置信区间，从而量化样本值满足对应分布的可靠性程度。样本分布的拟合和参数置信区间的确定，更加明确了可靠性仿真输出结果的取值和分布规律，为着陆器稳定着陆的可靠性评估提供支撑。通过均值与对应名义设计值的对比，结合方差的大小，还可以判断各设计参数的余量。

5.7　着陆过程仿真模型修正[25]

为了验证着陆缓冲机构方案设计的合理性，在着陆过程仿真分析验证的基础上还要通过相应的地面着陆缓冲物理试验进行验证，同时通过物理试验的结果对仿真模型进行修正、完善，逐步减小分析结果与试验结果之间的偏差，最后得到满足一定精度要求的仿真模型。

仿真模型的修正通常以理论模型的分析值和物理试验的实测值之间的偏差作为目标函数，并引入必要的约束条件，将模型修正问题转化为一个约束优化问题，通过优化求解使目标函数取得极小值，进而完成仿真模型的修正。

在仿真模型修正过程中，选择动力学模型中的碰撞刚度、阻尼、非线性指数以及最大穿透深度等作为待修正参数。由于上述参数的取值范围大，因此为了提高修正效率，首先分析仿真分析结果对各参数的敏感度，以减少参数数量或者缩小参数的取值范围。在确立了相应的变量以及变量取值的上下限后，就将模型修正问题转化为一个非线性最优化问题，相应的优化模型为

$$F = \min f(x_1, x_2, x_3, \cdots) = \sum_{j=1}^{N} \left(\frac{f_j^{\text{exp}} - f_j^{\text{sim}}}{f_j^{\text{exp}}} \right)^2 \tag{5-91}$$

$$x_{\text{low}}^i \leqslant x^i \leqslant x_{\text{high}}^i (i = 1, 2, 3, \cdots)$$

其中，f_j^{exp} 和 f_j^{sim} 分别表示试验和仿真得到的着陆器的安全距离，x^i 为待修正的参数，$f(x_1, x_2, x_3, \cdots)$ 为试验实测值与仿真值相对误差的平方和。每次优化仿真包含 X 个变量和 Y 个试验值。约束条件为另外 Z 个着陆稳定性判据，例如着陆器质心加速度的峰值不大于允许值，主/辅缓冲器的缓冲行程不超过最大设计值等。

通过求解优化模型（5-91），得到参数的修正值以及优化目标值。用修正后的参数值进行仿真，得到着陆器的安全距离等仿真结果，与试验结果和修正前的仿真结果进行对比，如图 5-27 所示。由图 5-27 可以看出，仿真模型修正的效果明显，修正后的模型精度显著提高。

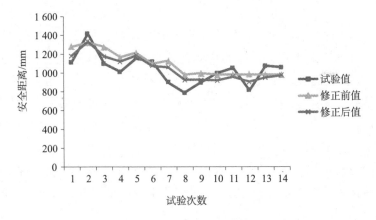

图 5-27　修正结果曲线

5.8　着陆缓冲机构数字化集成方法

5.8.1　数字化集成方法与平台框架

着陆缓冲机构的研制需要大量的设计分析工作，设计分析过程中产生的大量数据，需要进行有效的组织和管理。为实现设计分析过程的自动化，快速、高效地进行着陆缓冲机构的方案设计、分析与优化，并通过对设计分析数据的统一管理，实现数据的重用和知识的积累，提出着陆缓冲机构设计分析、性能验证与优化的集成方法，从而为着陆缓冲机构提供统一的设计分析环境。这里的集成是将 CAD 软件的建模功能与 CAE 软件的分析计算功能紧密结合起来，满足参数化设计、模型修正与再分析的需求。基于对 CAD/CAE 软件的开发，以设计分析系统平台为中心，对 CAD/CAE 软件进行集成的基本方法如图 5-28 所示。

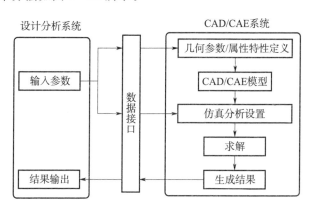

图 5-28　以设计分析系统平台为中心的 CAD/CAE 集成方法

设计分析系统的功能是收集设计分析所需的输入信息，通过 CAD/CAE 软件的数据接口将与 CAD/CAE 建模以及 CAE 分析的几何、材料、属性、边界约束等有关的信息提交给各个 CAD/CAE 软件。CAD/CAE 软件利用这些信息生成 CAD 三维模型和可分析仿真的 CAE 模型，并调用求解器进行求解，生成仿真结果文件。通过与设计分析系统间的数据接口，将结果输出至系统进行存储和用户化处理。

通过着陆缓冲机构设计分析系统集成，满足如下功能需求：

1）提供统一的设计分析环境。使所有的设计、分析与优化工作均在同一界面环境下进行，以便在不同的功能模块间快速切换，实现不同模块间的信息共享与参数传递。

2）提供各功能模块的参数输入和输出接口以及程序调用接口。形成规范化的设计、分析与优化流程，实现设计、分析与优化过程的自动化。

3）提供基于数据库的设计分析数据管理与检索功能。对机构设计分析过程中的相关信息和数据进行有效存储，以便对历史数据进行查询和重载，实现数据重用与知识积累。

4）提供数据汇总与分析、报告自动生成等功能。减少重复劳动，提高工作效率。

基于上述功能需求，给出着陆缓冲机构设计分析平台的集成框架如图 5 - 29 所示。

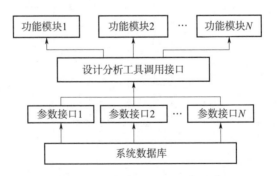

图 5 - 29 着陆缓冲机构设计分析集成平台框架

着陆缓冲机构设计分析集成平台可顺序实现以下功能：

1）用户通过界面输入各独立的参数，平台可自动计算出其他相

关参数;

2）根据用户的输入参数和相关信息以及平台计算出的参数，可通过界面操作，自动生成着陆缓冲机构三维模型和分析模型；

3）分析模型建立后，可通过界面操作，调用相应的分析和优化程序，自动完成性能仿真、验证及优化运算工作；

4）设计分析工作完成后，可通过界面操作，自动提取相关结果，并以表格、图片或视频等形式表达或显示；

5）对设计分析数据进行统一存储和管理，保证所有输入和输出数据及中间数据的前后继承关系明确，方便对历史数据进行追踪与检索，并可通过历史数据的重载，实现数据重用和知识积累。

5.8.2 设计分析数据管理及流程集成

对设计分析过程中涉及到的数据进行分级归类，采用关系型数据库管理系统进行数据存储和管理，使数据库具备数据更新、检索、查看及删除等功能。在设计分析过程中，所有相关的数据自动存储在关系型数据库中，文件自动保存在文件库中，所有中间数据和结果数据的前后继承关系完全确定，从而便于对历史数据进行追踪，并可以通过组合条件在数据库中对数据进行搜索查询。

为提高数据库的访问速度和运行效率，将数据分为数值数据和模型数据，并分别进行存储，如图 5-30 所示。数值数据主要包括各种数值或文本参数，如项目的描述信息、输入参数以及输出结果等。模型数据主要指设计分析过程中生成的设计、仿真模型和输出的结果图片、视频等以文件形式呈现的数据，由于这类文件通常较大、存储所需时间较长，因此通常在物理存储器上先建立一个物理数据库，作为正在进行的仿真分析工作相关模型数据的临时存储空间，同时在数据库程序中定义用以映射物理数据库的逻辑数据库，在设计分析结束后，通过逻辑数据库映射的地址，把模型数据文件最终存储或关联到数据库中。

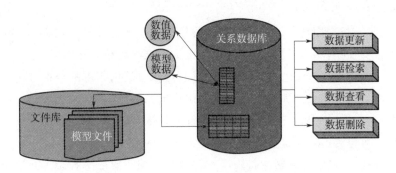

图 5-30　数据存储与管理策略

设计分析流程集成是将着陆缓冲机构设计、分析与优化过程中的一些成熟流程封装起来，实现设计分析过程的规范化、自动化。首先定义流程的输入数据，然后通过程序调用接口，调用相应的设计、分析与优化程序，实现设计、分析与优化的自动化。最后从程序的输出结果中提取关心的数据存储到数据库中，并可在系统界面上显示和查看结果，同时按照给定的格式自动生成报告。典型的流程集成示意图如图 5-31 所示。

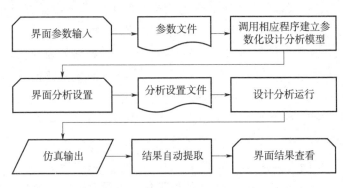

图 5-31　典型的流程集成示意图

通过设计分析流程的集成，可顺序实现以下功能：

1）通过用户的界面输入或者由数据库和文件库的导入，为各模块提供输入数据。

2) 执行各模块所对应的设计、分析或优化程序，由平台自动统一调用相应的程序，完成具体的设计分析任务。

3) 从程序输出结果中提取数据，并显示于界面上。

4) 根据报告模板自动生成设计分析报告。

5) 用户根据具体需要发出数据存储指令，平台自动为数据附加全局唯一标识符，然后将数据作为对象存储到数据库或文件库中。

5.8.3 着陆缓冲机构设计分析系统

根据上述平台集成方法及相关技术，可进一步开发着陆缓冲机构设计分析系统，从而把三维参数化建模、有限元参数化建模与分析、多体动力学参数化建模与分析以及优化程序等集成到统一的平台上，通过对设计分析过程中数据和流程的管理，保证建模、仿真与优化的高效性。通过对设计分析流程的集成，可以完成三维数字化建模、系统动力学分析和机构的优化计算，并保证设计分析结果的准确性。按该设计分析系统的功能不同可分为五个模块，简述如下。

（1）三维数字化模型自动装配模块

该模块的主要功能是按输入要求进行参数化建模，并自动生成符合要求的着陆缓冲机构装配体模型，输出着陆缓冲机构装配体的属性信息。

三维数字化模型自动装配模块的功能实现流程如图 5-32 所示。启动参数化建模程序，从数据接口中读入设计参数并导入模型模板，完成软着陆机构零部件参数化建模及总体装配，自动生成软着陆机构三维装配体模型，并输出模型属性信息，最后保存模型并退出。

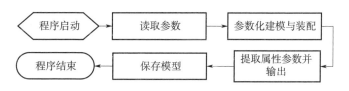

图 5-32 三维数字化模型自动装配模块功能实现流程

（2）结构力学分析模块

该模块的主要功能是根据分析要求和输入条件，自动完成着陆缓冲机构有限元模型的参数化建立、分析及结果输出。

结构力学分析模块的功能实现流程如图 5 - 33 所示，首先从数据文件中读取相关的设计与分析参数，完成着陆缓冲机构零部件的有限元建模及总体装配，自动生成着陆缓冲机构的有限元模型。然后生成结构力学响应分析的准备文件，并提交计算分析，得到结构力学响应分析结果。最后自动提取关心的结果数据、曲线和图片。

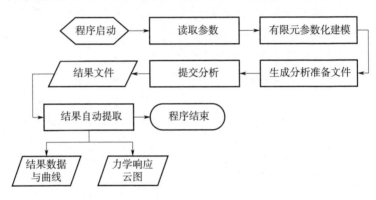

图 5 - 33　结构力学分析模块功能实现流程

（3）着陆稳定性分析模块

该模块的主要功能是根据分析要求和输入条件，实现着陆动力学模型的参数化建立以及多种工况下的稳定性分析仿真与结果输出。

着陆稳定性分析模块的功能实现流程如图 5 - 34 所示。启动多体动力学分析程序，从数据文件中读取相关的设计与分析参数，并导入各部件几何模型，施加相应的运动副及相应的运动初始条件和载荷，完成着陆动力学模型的参数化建立。根据模型的位置对着陆面进行参数化，从而实现不同着陆工况下的仿真。分析结束后，自动完成分析结果的提取与输出。

（4）着陆缓冲机构展开锁定分析

该模块的主要功能是根据分析要求和输入条件，实现展开锁定

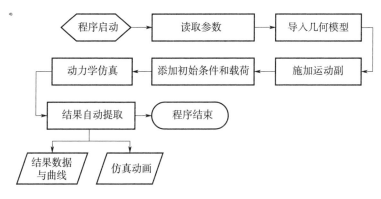

图 5 - 34　着陆稳定性分析模块功能实现流程

运动学和动力学模型的参数化建立、分析仿真与结果输出。

该分析的流程与着陆稳定性分析的流程类似。启动多体动力学分析程序，根据平台所提供的输入信息，首先导入各构件的几何模型，施加运动副，添加必要的运动初始条件和外载，完成展开锁定动力学模型的参数化建立。然后根据展开锁定过程的实际情况，添加必要的传感器，控制动力学仿真过程，按照预设的仿真程序进行展开锁定动力学仿真分析。分析完成后，自动完成结果的提取与输出。

（5）着陆缓冲机构优化

该模块的主要功能是根据机构不同性能要求，对着陆缓冲机构实施多学科优化。

对于着陆缓冲机构的优化，目标函数往往为机构重量最小化，约束条件为着陆缓冲机构的基频、着陆过程中着陆器质心最大冲击响应、安全距离、最大缓冲行程等。目标函数值与约束条件值分别由机构的三维模型、结构力学有限元分析程序以及着陆动力学分析程序计算得到。根据设计变量初始值，首先启动三维建模程序进行参数化建模，并计算和输出机构的重量；然后启动有限元分析程序计算收拢和展开状态下系统的基频，并输出计算结果；最后启动着陆动力学分析程序进行着陆稳定性分析，提取相应的稳定性分析结果。所有计算过程结束后，操作模块将提取出的各种计算结果写入优化输出文件中。若目标函数得到满足，则把当前的计算结果以及设计变量的相关值作为优化结果输出，否则继续进行优化迭代。

上述软件将所有模块进行了集成，从而为用户提供统一的设计分析环境，自动完成着陆缓冲机构的零部件设计、性能分析与优化等工作，大大提高了设计、分析的效率。

参 考 文 献

［1］ 梁东平，柴洪友，陈天智．月球着陆器软着陆动力学建模与分析综述
　　　［J］．航天器工程，2010，20（6）：104－112．

［2］ SHABANA A. A. Flexible Multibody Dynamics：Review of Past and Re-
　　　cent Developments ［J］．Multibody System Dynamics，1997，1（1）：189－
　　　222．

［3］ 陆佑方．柔性多体系统动力学 ［M］．北京：高等教育出版社，1996．

［4］ CRAIG R. R. Jr.，BAMPTON M. C. C. Coupling of Substructure for Dy-
　　　namic Analyses ［J］．AIAA Journal，1968，6（7）：1313－1319．

［5］ OTTARSSON G. Modal Flexibility in ADAMS/Flex ［A］．

［6］ MACHADO M，MOREIRA P，FLORES P et al. Compliant Contact Force
　　　Models in Multibody Dynamics：Evolution of the Hertz Contact Theory
　　　［J］．Mechanism and MachineTheory，2012，53：99－121．

［7］ LANKARANI H. M，NIKRAVESH P. E. A Contact Force Model with
　　　Hysteresis Damping for Impact Analysis of Multibody Systems ［J］．Jour-
　　　nal of Mechanical Design，1990，112（3）：369－376．

［8］ WALTON W. C，DURLING B. J. A Procedure for Computing the Motion of a
　　　Lunar－landing Vehicle During the Landing Impact ［R］．NASA－TN－D－
　　　4216，1967．

［9］ HAROLD H. DOIRON，GEORGE A. ZUPP. Apollo Lunar Module Land-
　　　ing Dynamics ［R］．AIAA－2000－1678，2000．

［10］ 朱汪，杨建中．月球探测器软着陆机构着陆腿模型与仿真分析 ［J］．宇
　　　航学报，2008，29（6）：1723－1728．

［11］ 逯运通，宋顺广，王春洁，等．基于刚柔耦合模型的月球着陆器动力学分
　　　析 ［J］．北京航空航天大学学报，2010，36（11）：1348－1352．

［12］ 曾福明，杨建中，朱汪，等．月球着陆器着陆缓冲性能研究 ［J］．航天
　　　器工程，2010，19（5）：43－49．

［13］ ROGERS W. F. Apollo Experience Report－Lunar Module Landing Gear

Subsystem ［R］. NASA—TN‐D‐6850，1972.

［14］　朱汪，杨建中. 月球着陆器软着陆机构着陆稳定性仿真分析 ［J］. 宇航学报，2009，30 （5）：1792‐1796.

［15］　HILDERMAN R. A，Mueller W. H，MANTUS M. Landing Dynamics of the Lunar Excursion Module ［J］. Journal of Spacecraft and Rockets，1966，3 （10）：1484‐1489.

［16］　陈立周. 稳健设计 ［M］. 北京：机械工业出版社，1999.

［17］　徐钟济. 蒙特卡洛方法 ［M］. 上海：上海科学技术出版社，1985.

［18］　Law A M. Simulation Modeling and Analysis ［M］. Beijing：Tsinghua University Press，2009.

［19］　宋顺广，王春洁. 基于蒙特卡洛法的月球探测器着陆稳定性分析 ［J］. 北京航空航天大学学报，2013，39 （9）：1192‐1196.

［20］　GB/T 4088—2008 数据的统计处理和解释二项分布参数的估计与检验 ［S］.

［21］　NASA. Lunar Surface Models ［R］. NASA‐SP‐8023，1969.

［22］　张玥，李清毅，许晓霞. 月球表面地形数学建模方法 ［J］. 航天器环境工程，2007，24 （6）：341‐343.

［23］　LU Y，WANG C，ZENG F et al. A Monte Carlo Analysis of Lunar Lander Dynamics at Touchdown ［C］. Proceedings of 2010 Asia‐Pacific International Symposium on Aerospace Technology，Xi'an：Northwestern Polytechnical University Press，2010：481‐484.

［24］　吴善元，王兆军. 非参数统计方法 ［M］. 北京：高等教育出版社，1996.

［25］　吴建云，王春洁，汪瀚. 月球着陆器模型参数修正 ［J］. 北京航空航天大学学报，2013，39 （10）：1366‐1369.